云南省高校本科专业核心课程建设计划
暨云南省地方"101"建设项目

基础生物化学实验

李 靖 贾 璐 于虹漫 主编

中国林业出版社
China Forestry Publishing House

图书在版编目（CIP）数据

基础生物化学实验／李靖，贾璐，于虹漫主编.
北京：中国林业出版社，2025. 8. -- ISBN 978-7
-5219-3279-9

Ⅰ. Q5-33

中国国家版本馆 CIP 数据核字第 2025T0T725 号

策划、责任编辑：范立鹏
封面设计：周周设计局

出版发行：中国林业出版社
　　　　　（100009，北京市西城区刘海胡同 7 号，电话 83143626）
电子邮箱：jiaocaipublic@163.com
网址：https：//www.cfph.net
印刷：北京中科印刷有限公司
版次：2025 年 8 月第 1 版
印次：2025 年 8 月第 1 次印刷
开本：787mm×1092mm　1/16
印张：9.75
字数：243 千字
定价：45.00 元

数字资源

《基础生物化学实验》
编写人员

主　编：李　靖　贾　璐　于虹漫

副主编：字淑慧　陈疏影　韩佳嘉　谢　昆

编　者：（按姓氏拼音排序）

陈疏影（云南农业大学）

董锦润（西南林业大学）

高顺玉（楚雄师范学院）

韩佳嘉（云南大学）

贾　璐（西南林业大学）

李　靖（西南林业大学）

李树香（滇西应用技术大学）

任梅蓉（西南林业大学）

王世敏（昭通学院）

谢　昆（红河学院）

于虹漫（云南农业大学）

余进德（西南林业大学）

赵立华（西南林业大学）

周世永（西南林业大学）

字淑慧（云南农业大学）

主　审：张灵玲（福建农林大学）

汉丽梅（沈阳农业大学）

前　言

在当今高等教育的改革浪潮中，高等农林院校面临人才培养模式和教学方法的深刻变革。随着生物技术在农业、林业及生命科学领域的飞速发展，社会对具备扎实生物化学创新思维和实验技能专业人才的需求日益增长。

本教材聚焦实验教学内容的全面性、系统性与前沿性，致力为高等农林院校的生物化学实验课程提供完备的指导。在内容架构上，教材知识模块划分为六大部分，涵盖生物化学实验基本技术、生物分子的分离纯化与鉴定、生物大分子的理化性质、生物大分子功能、物质代谢与转化以及生物化学综合实验与实验设计。这种模块化的编排方式，不仅有助于学生系统地掌握生物化学实验技能，而且能够让学生在不同实验项目之间建立有机联系，促进知识的整合与迁移。在教学方法上，本教材积极倡导"以学生为中心"的探究式学习。教材配有详细的实验报告撰写规范与示例，旨在引导学生在实验操作过程中，深入思考实验原理、分析实验结果，并培养他们严谨的科学态度和良好的科研习惯。同时，教材注重与实际应用紧密结合，选取了大量与农林生产实践和生命科学前沿密切相关的实验内容，旨在培养学生的实践创新能力。

本教材具备多方面鲜明特色。其一，深度融合现代生物技术与传统实验方法。在保留经典实验技术的基础上，引入了当下广泛应用的实时荧光定量检测目的基因表达量、利用酵母双杂交系统及双分子荧光互补（BiFC）技术验证两种已知蛋白互作等前沿实验技术。其二，内容组织上实现了宏观与微观的有机结合。教材内容既涵盖了对生物大分子整体性质的探究，如蛋白质的两性性质与等电点的测定，也包含了对生物化学微观反应机制的剖析，如酶促反应动力学的研究。其三，着力体现农林院校的专业特色。专门设计了针对谷物、油料作物、果蔬等植物性样品以及酵母、动物组织等生物材料的实验项目，使教材更贴合农林院校的专业需求。

本教材由李靖、贾璐、于虹漫担任主编，负责整体框架设计、内容审定、部分内容编撰以及统稿把关。字淑慧、陈疏影、韩佳嘉、谢昆担任副主编，参与教材编写的组织协调与部分章节撰写工作。西南林业大学、云南农业大学、滇西应用技术大学、昭通学院、红河学院等多所院校的一线教师结合自身专业特长和教学经验，秉持严谨认真的态度，力求内容的科学性、准确性和实用性，精心编写了教材中各个章节的内容。

在教材编写过程中，我们得到了多方面的支持与帮助。在此，向所有为本教材编写提供帮助的人员表示衷心的感谢，特别感谢各位编者所在单位在时间、资源等方面为编写工作提供的支持，同时感谢中国林业出版社的编辑团队，在他们的努力下，教材得以顺利出版。

尽管我们在编写过程中竭尽全力，力求内容的精准与完善，但由于时间有限以及编写水平的限制，教材中难免存在疏漏与不足之处。我们真诚地欢迎广大读者和同行专家提出宝贵的意见和建议，以便我们在未来的修订中不断完善，使其更好地服务于高等农林院校的生物化学实验教学。

编　者

2025 年 5 月

目　录

第1章

生物化学实验基础技术

1.1 分光光度技术

分光光度技术是一种利用物质对光的吸收特性进行定性和定量分析的方法。它基于朗伯—比尔定律(Lamber-Beer law),通过测定待测溶液在特定波长下的吸光度或透光率,来确定溶液中某种物质的种类或浓度。分光光度法具有灵敏度高、选择性好、操作简便等优点,广泛应用于化学分析、生物化学研究、医学诊断、食品检测和环境监测等领域。

分光光度计是应用分光光度技术的常用分析仪器。它通过分光系统将复合光色散为单色光,然后测量样品对某特定波长单色光的吸收情况。根据分光光度计工作光谱区、分光系统、光度方法和分光元件的数量等不同特点,可将其分为多种类型,以满足不同的分析需求和应用场景。

1.1.1 分光光度技术基础理论

当光线通过均匀、透明的溶液时,溶液中的物质会吸收特定波长的光,导致透射光强度减弱。不同物质由于分子结构不同,对光的吸收能力也不同。物质分子吸收特定波长的光,会使其电子从一个能级跃迁到另一个能级,这种吸收过程与分子的电子分布结构和化学键性质密切相关,因此,每种物质都有其特定的吸收光谱,即在某些波长范围内对光的吸收强度较大,形成特征吸收峰。特征吸收峰是物质分子结构的反映,具有一定的特异性,定性分析正是通过比较物质的吸收光谱特征来实现。通过测量透射光强度的变化,还可以计算溶液的吸光度,进而推算溶液中物质的浓度。分光光度法的定量分析依赖于朗伯—比尔定律,即吸光度与溶液浓度和溶液层厚度均成正比。

(1)吸光度与透光率

当光线通过均匀、透明的溶液时,一部分光被反射,另一部分光被吸收,还有一部分光透过溶液(图1-1)。

设入射光强度为 I_0,透射光强度为 I,则 I 与 I_0 之比称为透光率(T)。数学表达式为:

$$T = \frac{I}{I_0}$$

(1-1)

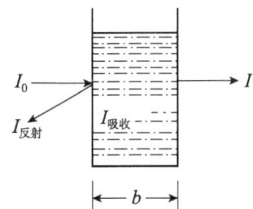

图 1-1 光的折射示意

透光率的负对数称为吸光度(A)。数学表达式为：

$$A = -\lg T = -\lg \frac{I}{I_0} = \lg \frac{I_0}{I} \tag{1-2}$$

可见，吸光度反映了溶液对光的吸收程度，吸光度越大，说明溶液对光的吸收越强，透光率越低。

（2）朗伯—比尔定律

朗伯—比尔定律又称光吸收定律，是分光光度技术的理论基础。它描述了溶液吸光度与溶液浓度和溶液层厚度之间的定量关系。该定律由两部分组成：朗伯定律和比尔定律。

①朗伯定律。该定律指出，当一束单色光通过均匀的吸光物质时，溶液对光的吸收与光程（即光通过物质的路径长度）成正比。数学表达式为：

$$\lg \frac{I_0}{I} = k \cdot b \tag{1-3}$$

式中，b 为光程，即液层厚度（cm）；k 为比例常数，与物质的性质和光的波长有关。

朗伯定律表明，光强的衰减与光程成正比，即光程越长，透射光强度越小。

②比尔定律。该定律指出，当一束单色光通过均匀的吸光物质时，透射光强度的对数与物质的浓度成正比。数学表达式为：

$$\lg \frac{I_0}{I} = k' \cdot c \tag{1-4}$$

式中，c 为溶液的浓度（mol/L）；k'为比例常数。

比尔定律表明，光强的衰减与物质的浓度成正比，即浓度越高，透射光强度越小。

③朗伯—比尔定律。将朗伯定律和比尔定律结合，得到朗伯—比尔定律的完整表达式：

$$A = \varepsilon \cdot b \cdot c \tag{1-5}$$

式中，ε 为摩尔吸光系数，表示在特定波长下，1 mol 物质在 1 cm 光程中的吸光能力。

朗伯—比尔定律表明，吸光度与溶液的浓度和光程的乘积成正比。这意味着，如果已知摩尔吸光系数和光程（即液层厚度），在给定波长下，通过测量溶液的吸光度，就可以推算溶液的浓度。

在使用朗伯—比尔定律进行分光光度测定时，必须注意其适用条件：溶液须为稀溶液，当溶液浓度较高时，分子间相互作用可能导致非线性吸收；溶液必须是均匀的，没有散射现象；光的吸收必须是单色光；吸收过程中不发生化学反应。

（3）常用光谱术语

①波长（λ）。光波在 1 个振动周期传播的距离，通常以纳米（nm）为单位。

②频率（ν）。光波在单位时间内的振动次数，通常以赫兹（Hz）为单位。

③光谱带。物质吸收光谱中一段连续的波长范围。

④特征吸收峰。由物质特定分子结构决定的、固有的吸收峰。

⑤基线。在实验条件下，只有流动相通过色谱柱时的检测器响应曲线。

1.1.2　分光光度计

(1)分光光度计的基本构造

分光光度计是应用分光光度技术的分析仪器，主要包含光源、单色器(色散原件)、样品室、检测器、数据处理和记录系统等基本结构。其中光源可以发出连续的光谱(复合光)，如钨灯、卤钨灯(用于可见光区)、氢灯和氘灯(用于紫外光区)。单色器则将复合光色散为单色光，常用的单色器有棱镜和光栅。样品室中装有待测样品，一部分光被样品吸收，未被吸收的光继续前进。当未被吸收的光到达检测器(如光电倍增管和二极管阵列检测器)，检测器将光信号转换为电信号。电信号经过放大和处理后，通过数据处理和记录系统显示吸光度或透光率等测量结果。现代的分光光度计不仅可以使用计算机显示结果，还可以依托软件完成进一步的数据处理和分析。分光光度计结构原理如图 1-2 所示。

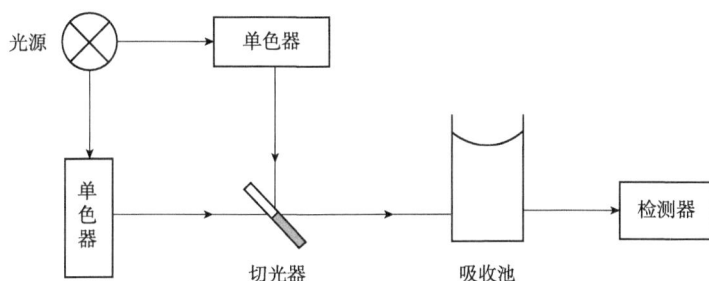

图 1-2　分光光度计结构原理示意

(2)分光光度计的类型

根据不同的分类标准，分光光度计可以分为多种类型。以下是几种常见的分光光度计分类方式以及各类分光光度计的特点和应用场景(表 1-1 至表 1-3)。

表 1-1　分光光度计按工作光谱区分类

类型	特点	应用场景
紫外分光光度计	用于测量待测物质对紫外光($200\sim400$ nm)的吸光度并进行定性定量分析	常用于测定核酸和蛋白质的浓度。例如，核酸在 260 nm 处有最大吸收峰，蛋白质在 280 nm 处有最大吸收峰
可见光分光光度计	用于测量待测物质对可见光($400\sim760$ nm)的吸光度并进行定性定量分析	广泛应用于化学分析、生物化学等领域。例如，在 600 nm 处测定细菌细胞密度
紫外—可见光分光光度计	用于测量待测物质对可见光或紫外光($200\sim760$ nm)的吸光度并进行定量分析	适用于多种物质的分析，具有较宽的测量范围
红外分光光度计	用于测量待测物质对红外光(>760 nm)的吸光度并进行定量分析	主要用于有机化合物的分析，如测定有机分子中的官能团
荧光分光光度计	用于扫描液相荧光标记物发出的荧光光谱	常用于生物化学和医学研究中的荧光标记分析
原子吸收分光光度计	主要用于样品中微量及痕量组分分析	用于测定金属元素的浓度，如水样中的重金属离子

表1-2　分光光度计按分光系统分类

类型	特点	应用场景
棱镜分光光度计	结构简单，成本较低。使用棱镜作为色散元件，将复合光色散为单波长光	适用于一些基础的光谱分析任务，如教学实验中对基本光谱特性的观察和研究。但由于色散能力有限，分辨率较低，不适用于对复杂光谱进行精确分析
光栅分光光度计	光栅具有较高的色散能力，能够将光分解为更细致的波长成分。使用光栅作为色散元件，具有较高的光谱分辨率和灵敏度。但其结构复杂，成本较高，维护和操作也相对复杂	适用于复杂光谱的分析如有机化合物的精细结构分析等
滤色片分光光度计	操作简单，成本低，但波长选择范围有限，分辨率较低。使用滤色片作为色散元件，一般仅用于测色	常用于测色、简单的光谱测量等

表1-3　分光光度计按光度方法分类

类型	特点	应用场景
单光束分光光度计	结构简单，但对光源和检测器的稳定性要求较高，容易受到环境因素(如温度、湿度、电压波动等)的影响，导致测量结果的误差较大	适用于在给定波长处测量吸光度或透光度，如测定溶液中某种物质的浓度等。一般不能用于全波段光谱扫描，不适用于对测量精度要求较高的复杂分析
双光束分光光度计	自动记录，快速全波段扫描，测量精度和稳定性较好，但其结构复杂，成本较高，维护和操作也相对复杂。光源发出的光可分成两束：一束作为参考光，另一束作为样品光，由此消除光源不稳定、检测器灵敏度变化等因素的影响	适用于对测量精度要求较高的复杂光谱分析任务，如研究物质的分子结构、化学反应过程等

此外，在研究光化学反应和酶促反应时，常使用动力学分光光度计。动力学分光光度计具有时间分辨能力，可以快速对分子吸收光谱进行扫描，测定瞬间反应产物的吸收光谱和随时间变化的值。通过分析吸光度的时间变化曲线，可计算反应速率常数、半衰期等动力学参数，并进行反应机理的分析，因此在化学反应动力学研究、酶动力学分析、药物代谢研究等领域都有广泛的应用。

总之，分光光度计作为实验室不可或缺的分析仪器，其多样化的分类和丰富的功能能够满足不同领域的分析需求。不同类型的分光光度计各具特点，实验人员应根据具体的分析目的、样品特性、测量精度要求、操作便利性和预算等因素合理选择，以提高实验效率和数据准确性。

(3)分光光度计使用注意事项

①样品处理。具体要求如下：

a. 样品均匀性：确保样品溶液均匀，避免样品中存在颗粒或沉淀。可以通过超声振荡或搅拌等处理方法使样品均匀。

b. 样品浓度：应在仪器的测量范围内，避免浓度不当影响测量结果。对于浓度过高的样品，可以进行稀释处理。

c. 样品稳定性：确保样品在测量过程中稳定，避免样品发生化学反应或物理变化。对于易挥发或分解的样品，应采取适当的保存措施。

②测量操作。具体要求如下：

a. 仪器预热：在使用分光光度计前，应进行充分预热，以稳定仪器的性能。预热时间通常为 15~30 min，具体时间视仪器型号要求而定。

b. 空白对照：在测量样品前，应先测量空白对照的吸光度或透光率，以消除溶剂和仪器的影响。空白对照应与样品具有相同的溶剂和测量条件。

c. 测量顺序：按照从低浓度到高浓度的顺序测量样品，以避免样品交叉污染。对于不同样品，应分别使用不同的吸收池或彻底清洗吸收池。

d. 测量次数：进行多次测量并取平均值，以提高测量的准确性。通常进行 3~5 次测量，取平均值作为最终结果。

③数据处理。具体要求如下：

a. 数据校正：对测量数据进行必要的校正，例如，扣除空白对照的影响。数据校正后才能用于后续的定量或定性分析。

b. 数据记录：详细记录测量数据和实验条件，包括样品信息、测量波长、测量时间、仪器型号等，以便于后续分析和追溯。

c. 数据分析：根据实验目的对测量数据进行定量或定性分析，得出结论。可以使用统计软件或图表工具进行数据分析，如绘制标准曲线、计算相关系数等。

a. 波长校准：定期对分光光度计进行波长校准，以确保测量波长的准确性。可以使用标准波长的滤光片或已知波长的光源进行校准。

b. 透射比校准：定期对分光光度计进行透射比校准，以确保测量的准确性。可以使用标准溶液或已知透射比的样品进行校准。

c. 仪器清洁：定期清洁分光光度计的光学元件和吸收池，防止灰尘和污物影响测量结果。清洁时应使用柔软的布或纸巾，避免划伤光学元件。

1.1.3　分光光度技术的应用

分光光度法在生物化学领域的应用非常广泛。有机化合物或生物大分子中的某些基团含有非键轨道和 π 分子轨道的电子体系。例如，酮基、醛基、羧基、碱基等基团中的双键可引起电子跃迁，从而在紫外—可见光区具有特殊的吸收峰。利用这一性质可以快速便捷地对生物分子进行定性或定量测量。例如，蛋白质的含量可以通过测量其在波长 280 nm 处的吸光度来估算，这是因为蛋白质中的芳香族氨基酸(如色氨酸、酪氨酸)在该波长处有最大吸收峰；核酸的含量则可通过测量其在波长 260 nm 处的吸光度来估算，因为核酸中的嘌呤和嘧啶碱基在该波长处有最大吸收峰；而酶活力测定则可通过测量比较酶促反应中底物消耗或产物生成导致的特定波长下吸光度的变化来实现。

在其他领域，分光光度法同样发挥着重要作用。在环境监测方面，分光光度法可用于测定水体中的各种污染物含量。例如，重金属离子(如铅、镉、汞等)含量的测定可通过测量其与显色剂反应生成的络合物在特定波长下的吸光度来实现；有机物(如苯系物和酚类化合物等)含量的测定则可通过测量其在特定波长下的吸光度来实现。在食品检测方面，分光光度法可用于测定食品中的营养成分和添加剂含量。例如，营养成分(如维生素 C 和维生素 E 等)含量的测定可通过测量其在特定波长下的吸光度来实现；食品添加剂含量(如亚硝酸盐和亚硫酸盐等)的测量也可通过测量其在特定波长下的吸光度来实现。上述应用的一部分将在本教材的相关实验中得到呈现。

(1) 定量分析

根据朗伯—比尔定律，当液层厚度(b)和摩尔吸光系数(ε)一定时，吸光度(A)与溶液浓度(c)成正比，即 $A = \varepsilon bc$，因此，通过测量溶液的吸光度可以计算溶液的浓度。使用分光光度法进行定量分析常采用标准曲线法，具体步骤如下：

①选择合适的波长。根据待测物质的吸收特性选择合适的测量波长。可以通过查阅文献或使用分光光度计扫描样品的吸收光谱来确定最大吸收波长。使用待测物质的最大吸收波长，可以获得最高的灵敏度和准确性。

②标准溶液的配制。配制一系列已知浓度的标准溶液。标准溶液的浓度应覆盖待测样品浓度的预期范围，并且浓度梯度应均匀分布。配制时应使用精准的移液管和容量瓶，以确保标准溶液的浓度准确无误。

③样品准备。将待测样品溶液进行适当的预处理，如溶解、稀释、过滤等，以确保样品均匀且无干扰物质。对于固体样品，须先将其溶解于适当的溶剂中，并使其浓度在测量范围内。

④测量吸光度。将标准溶液与待测样品溶液分别放入分光光度计的吸收池，以空白溶液(不含待测物质的溶剂)为参比，测量它们在选定波长下的吸光度。测量时应选择适当材料的吸收池并保持仪器稳定，避免振动和温度变化对测量结果产生影响。

⑤绘制标准曲线。以标准溶液的浓度(或物质含量)为横坐标，对应的吸光度为纵坐标，绘制标准曲线。标准曲线应呈线性关系，即吸光度与浓度成正比。如果曲线偏离线性，则需重新配制标准溶液或检查测量条件。

⑥计算待测样品浓度。根据待测样品溶液的吸光度，从标准曲线上查得对应的数据，即为待测样品的浓度(或含量)。如果样品溶液的吸光度超出标准曲线的线性范围，则需先对样品进行适当稀释后再进行测量。

(2) 定性分析

使用分光光度法对物质进行定性分析，主要基于物质的吸收光谱特征(即对某些单色光的选择性吸收特征)。可以从文献、数据库或实验中获取已知标准物质的吸收光谱数据，将样品的吸收光谱与标准物质的吸收光谱进行比较，观察它们特征吸收峰的位置、形状和强度的相似性。如果样品的吸收光谱与某标准物质的吸收光谱高度相似，尤其在特征吸收峰的位置和形状上一致，则可以推断样品中含有该标准物质或与其结构相似的物质。通过对比多个标准物质的吸收光谱，可以进一步确定样品中可能存在的物质成分。

使用分光光度法进行定性分析能够检测较低浓度的物质，适用于痕量分析，其测量过程相对简单，不需要复杂的样品预处理。然而，该方法也存在一定的局限性。例如，在复杂样品中，多种物质的吸收光谱可能重叠，导致定性分析困难；又如，光谱解析本身具有复杂性，对于复杂的吸收光谱，需要专业知识和丰富的经验进行解析。同时，定性对标准物质高度依赖，需要以已知标准物质的吸收光谱数据作为参考，对于未知或新合成的物质，可能缺乏相应的标准数据。

分光光度法定性分析是基于物质的吸收光谱特征进行的，通过比较样品与标准物质的吸收光谱，可以有效鉴定物质的种类，但是，在实际应用中仍然需要结合其他分析方法和实验数据，以提高定性分析的准确性。

1.2　离心技术

离心技术是一种利用离心场使不同质量的粒子产生沉降分离的物理方法。在生物医学、化学、材料科学等众多领域中，离心技术发挥着至关重要的作用。离心机是实现离心技术的仪器，它通过高速旋转产生强大的离心力（centrifugal force，CF），使样品中的颗粒按照质量和密度差异进行沉降分离，从而实现细胞、蛋白质、核酸等生物大分子以及各种颗粒物质的分离与纯化，为科学研究和实际应用提供有力支持。

1.2.1　离心技术基础理论

(1) 离心力

离心力是由旋转运动产生的惯性力，是理解离心技术的关键，也是离心机工作原理的核心概念。当一个物体在旋转系统中运动时，物体由于惯性，会倾向于沿着切线方向运动。然而，由于旋转系统的约束，物体被迫沿着圆形路径运动，从而产生一个指向旋转中心的向心力，根据牛顿第三定律作用力与反作用力的关系，物体也会产生一个大小相等、方向相反的力，即离心力。这个力作用在物体上，会使其向外移动。

在离心机中，样品被放置于转头部位，转头可以高速旋转，样品中的颗粒在旋转过程中受到离心力的作用。离心力的大小与粒子的质量、旋转半径以及旋转角速度的平方成正比，可用以下公式表示：

$$F = m \cdot \omega^2 \cdot r \tag{1-6}$$

式中，F 为离心力（N）；m 为粒子的质量（kg）；ω 为旋转角速度（rad/s）；r 为旋转半径（m）。

由式(1-6)可知，颗粒的质量直接影响离心力。质量越大的颗粒，受到的离心力越大，表现为在离心过程中，较重的颗粒会更快地向外移动并沉降。

旋转角速度是离心力的另一个关键因素，角速度的平方与离心力成正比，因此旋转速度的增加会显著增大离心力。旋转角速度与离心机转速之间存在以下转换关系：

$$\omega = 2\pi \cdot \frac{N}{60} \tag{1-7}$$

式中，N 为离心机转速（r/min）。

通过调节离心机转速获得不同大小的离心力在实际应用中较为常见。

旋转半径 r 也是影响离心力的重要因素。在离心机设计中，旋转半径通常是指从旋转轴到样品中心的距离。旋转半径越大，离心力越大，因此，在实验中选择不同半径的转头会影响离心力的大小。

（2）相对离心力

相对离心力（relative centrifugal force，RCF）是人们为了更准确地描述离心效果而引入的技术参数。它是离心力与地球重力的比值，能够反映离心场相对于重力场的强度。计算公式为：

$$RCF = \frac{F}{g} = \frac{m \cdot \omega^2 \cdot r}{m \cdot g} = \frac{\omega^2 \cdot r}{g} \tag{1-8}$$

式中，g 为重力加速度，约为 9.8 m/s^2。

相对离心力通常以 g 的倍数表示，即 $\times g$。例如，一个相对离心力为 10 000 的离心条件表示离心力是地球重力的 10 000 倍，即 $10\,000 \times g$。这种表示方式便于比较不同离心条件下的效果，也便于在实验设计和结果分析中使用。在已知离心机转速和旋转半径条件下，根据式（1-8）可以计算相对离心力。

相对离心力为离心技术提供了一个标准化的参数，使不同实验室和不同离心机之间的实验条件可以进行比较和重现。通过控制相对离心力，可以确保实验结果的一致性和可重复性。此外，不同的样品和实验目的也需要不同的相对离心力来实现最佳的分离效果。例如，分离细胞和细胞碎片通常需要较低的相对离心力（如 $1\,000 \times g$），而分离蛋白质和核酸则需要较高的相对离心力（如 $10\,000 \times g$ 或更高）。对于一些敏感的生物样品，如蛋白质和细胞，过高的离心力可能导致样品变形或损伤，通过精确控制相对离心力可以避免这种情况，确保样品的完整性和活力。

（3）沉降速率

沉降速率（sedimentation velocity）是指颗粒在离心场中沉降的速率，用于描述颗粒在离心过程中的运动特性。在离心场中，作用于颗粒上的力主要有离心力（F）、重力（F_g）、浮力（$F_浮$）和摩擦阻力（$F_阻$）。其中，离心力方向沿着旋转半径向外，重力方向垂直向下，浮力和摩擦阻力则与离心力方向相反，此处浮力等于颗粒排开介质的质量与离心加速度（而非重力加速度）的乘积。离心力的公式已在前文给出，其余 3 个力的计算公式分别如下：

$$F_g = m \cdot g \tag{1-9}$$

式中，m 为颗粒质量（kg）。

$$F_浮 = V \cdot \rho_m \cdot \omega^2 \cdot r \tag{1-10}$$

式中，V 为颗粒体积（m^3）；ρ_m 为介质密度（kg/m^3）；$\omega^2 \cdot r$ 为离心加速度。

$$F_阻 = 6 \cdot \pi \cdot \eta \cdot r_p \cdot v \tag{1-11}$$

式中，η 为介质黏滞系数（Pa·s）；r_p 是颗粒半径（m）；v 为颗粒沉降速率（m/s）。

对于高速离心机，颗粒的离心力远大于重力。例如，相对离心力为 $10\,000 \times g$ 时，离心力是地球重力的 10 000 倍，重力的影响可以忽略不计。因此，在实际的离心过程中，颗粒主要在离心力、浮力、摩擦阻力的合力下运动，当速度达到恒定时，3 个力的合力为零，即

$$F = F_浮 + F_阻 \tag{1-12}$$

代入各计算公式并整理，可得沉降速率为：

$$v = \frac{2r_p^2 \cdot \omega^2 \cdot r \cdot (\rho_p - \rho_m)}{9\eta} \tag{1-13}$$

式中，ρ_p 为颗粒密度（kg/m^3）。

由式（1-13）可知，颗粒与介质的密度差决定了颗粒的运动方式；沉降速率同颗粒半径的平方（颗粒大小）、离心加速度（$\omega^2 \cdot r$）、颗粒与介质的相对密度（$\rho_p - \rho_m$）成正比，与介质黏度系数（η）成反比。当离心加速度固定时，颗粒沉降速率主要取决于颗粒的大小和形状。值得注意的是，这个公式仅适用于球形颗粒在层流条件下的沉降，对于非球形颗粒或湍流条件下的沉降，描述公式会更为复杂。

通过了解沉降速率的计算公式和影响因素，可以在实验中优化离心条件，提高分离效果。本教材的一些实验将涉及在确保样品生物活性的前提下，利用沉降速率的差异，分离不同大小和形状的蛋白质、核酸以及各种亚细胞成分。

（4）沉降系数

沉降系数（sedimentation coefficient）是描述颗粒在离心场中沉降速率的物理量。这一概念最早由瑞典科学家 Theodor Svedberg 于 1924 年提出。他通过实验发现，颗粒在离心场中的沉降速率（v）与离心加速度（$\omega^2 \cdot r$）成正比，由此可计算颗粒在单位离心场中的沉降速率，即得到沉降系数。沉降系数通常采用 S 表示，实际应用中常用斯维德贝格单位（Svedbergunit，S），$1\,S = 10^{-13}\,s$。沉降系数的计算公式为：

$$S = \frac{v}{\omega^2 \cdot r} \tag{1-14}$$

沉降系数是颗粒在离心场中沉降速率的量度，能够反映颗粒的大小、形状和密度等特性。通过沉降系数，可以预测颗粒在离心场中的行为，沉降系数越大，代表粒子在离心场中沉降得越快。由于不同物质的沉降系数不同，因此可以通过控制离心条件实现它们的分离。此外，沉降系数还提供了一个标准化的参数，便于在不同实验条件下比较颗粒的沉降行为。

在蛋白质、核酸等生物大分子研究中，沉降系数常用于分离和纯化不同大小和形状的分子。科学研究中也经常使用 S 描述某些蛋白或核酸分子（主要是 rRNA、tRNA）的大小，蛋白质的沉降系数通常为 1~20 S，核酸的沉降系数为 5~100 S。由于沉降系数与分子质量、分子形状和介质性质有关，可以通过沉降系数估算生物大分子的分子质量，但二者并不存在单纯的正比关系。例如，4 S tRNA 通常有 76 个核苷酸，而 16 S rRNA 有 1 541 个核苷酸，后者的沉降系数为前者的 4 倍，而后者的分子质量却约为前者的 20 倍。

1.2.2　离心机

离心机在科学领域的发展历史可以追溯到 19 世纪，其发展经历了从简单的机械装置到复杂的高精度仪器的演变。1836 年，世界首台三足式离心机在德国发明，标志着现代离心技术的诞生，这台离心机的发明为离心技术的后续发展奠定了基础。20 世纪 20 年代，超高速离心机问世，随后离心机的转速不断提高，从最初的每分钟几十转发展到如今的每分钟几十万转。离心机的传动方式也经历了从手摇式到电动式、机械变速直至当今的变频电机变速的过程。至 20 世纪 50 年代，离心机的驱动系统寿命从 10 亿转提高到 200 亿转，工作时间也从几小时发展到数十小时或数天；70 年代以后，出现了高速电机(即变频电机)的应用；80 年代，变频电机与计算机的结合使离心机转速和性能都有了较大提高。

(1)离心机的基本构造

几乎所有离心机都具备以下基本构造，这些构造是实现离心功能的核心部分。

①机架。是离心机的支撑框架，通常由高强度金属材料制成，具有良好的稳定性和承重能力。它不仅为离心机的各个部件提供物理支撑，还通过坚固的设计确保仪器在高速旋转时保持稳定，减少振动对实验结果的影响，从而保障离心过程的顺利进行。生物学实验室常用到的瞬时离心机和迷你离心机仅提供短时、低速的离心，对机架要求虽然不高，但稳定性和安全性也是必要的。

②转子。是离心机的核心部件，用于装载样品并提供高速旋转的平台，可将离心管的管座放置或固定其上。转子的设计直接影响离心效果和样品的分离效率，是离心机实现功能的关键部分。转子通常由金属材料制成，具有不同的设计类型，如角转子、水平转子和连续流动转子等。角转子适用于高速离心，能够快速将样品中的颗粒沉降到底部和侧壁；水平转子则适用于大容量分离，可将颗粒沉淀集中在离心管底部。

③驱动系统。为转子提供旋转动力，通常由交流变频电机、驱动轴和减振机构组成。变频电机能够提供稳定的旋转动力，确保转子在设定的转速下平稳运行。驱动系统将电机的动力传递给转子，而减振机构则有效减少运行过程中的振动，提高离心机的稳定性和寿命，保证离心过程的精确性和可靠性。驱动系统与转子一起构成离心机的主体部分，合称主机。

④控制系统。是离心机的"大脑"，负责控制和调节离心机的运行参数。它通常配备微处理器和用户界面，如触摸屏或数字显示面板，用户可以通过这些界面设置和监控离心速率、时间和温度等参数。控制系统还集成了多种安全功能，如超速保护和不平衡检测，确保离心机在安全的条件下运行，防止因操作失误或设备故障导致安全事故。

⑤安全系统。是离心机的重要组成部分，旨在确保离心过程的安全性。它通常包括门盖锁、超速保护和不平衡检测等功能。门盖锁可以防止离心过程中门盖意外打开，避免因样品飞溅或转子损坏导致的危险。超速保护则确保转子不会超过其设计转速，从而延长设备寿命并保障实验人员安全。不平衡检测功能能够自动检测转子的不平衡状态，必要时可停止机器运行，防止因不平衡导致设备损坏或安全事故。

⑥离心管。是用于装载样品的容器，通常由聚丙烯、聚碳酸酯等耐腐蚀材料制成，具有不同的容量和形状，以满足不同的实验需求。它们能够承受高速离心产生的离心力，确保样品在离心过程中保持稳定。在化学或生物化学的教学实验中也可能用到硼硅酸盐玻璃材质的离心管，在一些需要严格控制环境条件的酶活力测定中，玻璃离心管可以避免塑料管可能带来的化学干扰，玻璃离心管的透明性也使其适用于需要光学监测的实验，如光谱分析中的样品离心。离心管的选择对于实验的成功至关重要，因为它们直接影响样品的分离效果和实验的可重复性。

此外，离心机还可以配置制冷系统，用于控制离心机的内部温度，防止样品在离心过程中因热量产生而变性或降解，特别适用于确保生物样品(如蛋白质、核酸等)在离心过程中保持活力和稳定性；离心机配置真空系统，用于超高速离心和对温度敏感样品的分离。

这些额外的结构使离心机能够满足不同实验需求，为从简单的样品分离到复杂的生物分子分析提供强有力的工具。

（2）离心机的类型

为适应不同的应用场景和实验需求，离心机可以按照多种方式进行分类，其中较为常见的是根据转速进行分类，几种不同转速离心机的特点与应用场景见表1-4。

表 1-4　几种不同转速离心机的特点与应用

按转速分类	特点	应用场景
瞬时离心机	设计紧凑、体积小、重量轻、便于携带和操作；转速为 500～8 000 r/min，通常无法精确调节转速	适用于实验室中的快速离心。例如，离心微量样品，沉淀细胞碎片，快速从试管壁或试管盖上甩下试剂等
低速离心机	最大转速小于 10 000 r/min	适用于常规颗粒分离，分离混合物中的固体颗粒或液体成分。例如，从破碎组织或细胞中初步提取蛋白质、核酸及质粒等，也用于临床实验室的血浆、血清分离
高速离心机	最大转速为 10 000～30 000 r/min	适用于分离生物分子，常用于分子生物学中的 DNA、RNA 分离以及生物细胞的分离、浓缩和提纯
超高速离心机	转速可达 30 000～150 000 r/min	适用于分离微小分子。例如，分离蛋白质复合物、脂质体等纳米级颗粒，研究生物大分子的结构和功能

离心机还可以根据转子类型、结构和用途等进行分类。角转子用于高速分离，离心后颗粒沉淀集中在离心管底部和侧壁，适用于需要快速分离的实验，如蛋白质和核酸的分离；水平转子则用于大容量分离，离心后颗粒沉淀集中在离心管底部，适用于需要处理大量样品的实验，如细胞培养液的分离。现在的大多数离心机都能适配不同类型的转子，并且可以根据实验需要便捷地更换转子，以实现对仪器的高效利用。从结构方面分类，实验室常用的有管式离心机和平板离心机，其中平板离心机主要用于大样本量的微孔板离心。

离心机的附加功能也是其分类的重要依据。冷冻离心机配备制冷系统，可控制离心室温度，防止样品变性，特别适用于蛋白质、核酸等对温度敏感的生物分子的分离。差速离心机通过逐步增大离心速率实现不同大小颗粒的分离，适用于分离细胞器、病毒等生物大分子，常用于生物化学和分子生物学研究。这些分类方式不仅帮助使用者根据实验需求选择合适的离心机，还提高了实验的效率和结果的准确性。

（3）离心机使用注意事项

①安全操作。具体事项如下：

a. 不超转速运转：每台离心机都设置了最大转速，即限制了转头所能承受的最大离心力，如果超速运转，很容易引起转头炸裂，甚至引发严重事故。使用时应严格将转速设置在最大值以下。一些简易离心机使用转钮调节转速以及通过指针偏转指示转速时，应特别注意。

b. 确保样品放置平衡：在使用离心机时，样品的平衡是至关重要的，不平衡的样品会导致离心机转子产生不均匀的离心力，从而引起振动。这种振动不仅会降低离心效果，还可能对转子和离心机造成严重损害。在离心前，需要使用平衡架或托盘天平检查离心管的平衡情况，确保对称位置的离心管质量差异在允许范围内。如果发现不平衡，应重新调整样品的分装量，直至达到平衡。

c. 正确使用转头：包括使用匹配的转头、正确安装和调试转头、定期检查转头的磨损和变形情况等，确保转头的机械性能良好。配平后的离心管应对称放置于转头的相应位置。

d. 离心管与管套的匹配：选择合适的离心管，确保离心管的材料和规格符合实验要求，确保离心管与管套之间形状和材质匹配，否则容易导致离心管破裂。

e. 紧急停机：如果在离心过程中发现产生异常振动或噪声，应立即停机，等待转头完全停止后才能开盖检查样品的平衡情况和转头的状况。

②离心条件的选择。具体要求如下：

a. 温度控制：对于生物大分子和细胞等敏感样品，应设置适当的温度条件，以避免样品变性。通常在4℃下进行离心操作，以保持样品的稳定性。

b. 离心速率：选择合适的离心速率是关键。过高的离心速率可能导致样品变形或压实，而过低的离心速率则可能无法实现有效分离。

c. 离心时间：应根据样品的沉降速率和所需的分离效果调整离心时间。过长或过短的离心时间都可能影响分离效果。

③离心机的保养。具体要求如下：

a. 定期清洁：定期使用软布擦拭离心机的外壳，去除灰尘等污渍。避免使用腐蚀性清洁剂，以免损坏设备表面。定期使用温和的清洁剂和软布清洁离心机内部，避免使用硬质刷子，以免刮伤部件表面。

b. 检查部件：定期检查转头，如果发现转头有裂纹、变形或其他损坏迹象，应立即更换，以避免在高速旋转时发生危险。检查离心机的密封部件，如门盖密封圈、进样口密封圈等，确保其密封性能良好。如果发现密封部件有老化或损坏迹象，应及时更换。

c. 定期保养：定期安排工程师对离心机进行润滑、校准、调试和安全检查，以有效延长离心机寿命，提高实验效率和安全性。

1.2.3　离心技术的应用

离心技术通过离心机转子高速旋转产生的离心力，能够实现溶液中固体颗粒或不同密度液体之间的分离，从而对物质进行高效的纯化和分析。离心技术不仅在基础研究中发挥重要作用，还在临床诊断、药物研发、食品加工和环境保护等实际应用中具有重要价值。在生物学研究中，离心技术更是进行细胞分离、蛋白质核酸提取纯化、生物大分子结构研究等不可或缺的工具。

(1)细胞及细胞器的分离

细胞分离是离心技术在生物及医学研究中的常见应用之一。通过低速离心，可以将细胞从组织样本、血液或其他生物体液及细胞碎片中分离。例如，在细胞生物学研究中，通过低速离心（如 $1\,000\times g$，10 min），可以将血液中的红细胞、白细胞和血小板分离。较重的红细胞会沉降到离心管底部形成红细胞层，而相对较轻的白细胞和血小板则位于上清液中，形成白细胞层和血小板层。进一步离心可以分离白细胞和血小板，为后续的细胞生物学研究提供纯净的细胞群体。这种离心分离的方法不仅适用于血液细胞的分离，还可用于组织匀浆等样品中的细胞分离。

若对细胞中的某种细胞器进行针对性研究，还需要对细胞器进行分离。通过差速离心和密度梯度离心，可以实现细胞器的高效分离和纯化。例如，线粒体和内质网等细胞器的分离通常采用差速离心方法，而核糖体和溶酶体等细胞器的分离则常采用密度梯度离心方法。通过离心获得的高纯度细胞器样品，能够为细胞器的结构和功能研究提供重要支持。

（2）生物分子的分离纯化

研究蛋白质（非胞外）或核酸等生物分子，首先需要从细胞中获得这些分子，常规的操作是破碎细胞，使胞内物质释放，再依据生物分子的理化性质进行提取。在此过程中，离心技术会被多次使用。例如，通过氯仿/异戊醇抽提和离心的方法，可以去除蛋白质和其他杂质，将 DNA 从细胞中分离出来。通过多次抽提和离心，还可以获得高纯度的 DNA 样品，为后续的基因克隆、测序和聚合酶链式反应（PCR）等实验提供纯净的模板。又如，在蛋白质的提取中，样品组织破碎后，需要通过离心获得含蛋白质的上清液，用盐析的方法沉淀蛋白后，又需要通过离心获得含蛋白质的沉淀。进一步来说，还可以通过差速离心分离不同大小的蛋白质。较大、较重的蛋白质会更快地沉降，而较小、较轻的蛋白质则沉降相对较慢，通过逐步增大离心速率，可以依次分离不同大小的蛋白质。为了维持生物分子的高级构象和生物学功能，上述操作通常需要使用冷冻离心机。

（3）生物大分子的结构和功能研究

在生物化学和结构生物学研究中，超速离心技术可以用于研究生物大分子的结构和动态变化。例如，通过分析蛋白质复合物在离心场中的沉降行为，可以推断其分子质量和形状。球形蛋白质复合物由于受到较小的介质阻力，在离心场中的沉降速率通常比非球形复合物快，通过比较不同形状的蛋白质复合物的沉降系数，可以推断其形状特征。通过测量扩散系数，还能精确计算蛋白质复合物的分子质量。这对于研究蛋白质复合物的组成和结构具有重要意义。

超速离心技术可用于研究蛋白质与蛋白质、蛋白质与核酸之间的相互作用。在分子生物学研究中，蛋白质与核酸之间的相互作用是基因表达调控的关键。超速离心技术也可以用于研究这些相互作用，从而理解蛋白质如何识别和结合核酸。例如，通过分析蛋白质—DNA 复合物在离心场中的沉降行为，可以推断其结合亲和力和稳定性；通过密度梯度离心，可以进一步分离和纯化这些复合物，为后续的结构分析提供纯净的样品。

在酶学研究中，离心技术可用于分离酶和底物、分离酶和抑制剂以及测定酶活力，通过测量不同离心条件下的酶活力，有助于了解酶的稳定性和动力学特性。

可见，离心技术是实现混合物各成分分离的基本技术，从细胞分离到生物分子的初步提取，从生物大分子的结构到功能研究，离心技术都为其提供了强大的支持。离心操作是否得当，对转速的调节、对温度的控制是否合适等，不但影响分离纯化的效果，也直接关乎后续实验和分析能否正常开展。

1.3　层析技术

层析技术(chromatography)又称色谱技术，这一概念于 1906 年由俄国植物学家米哈伊尔·茨维特(Mikhail Tsvet)首先提出。他将溶有植物色素的石油醚通过装有碳酸钙($CaCO_3$)粉末的玻璃管，并继续以石油醚淋洗，由于碳酸钙对各种色素的吸附能力不同，色素被逐渐分离，在玻璃管中呈现不同颜色的谱带。茨维特的工作开创了层析技术的先河，因此他被誉为层析技术之父。

20 世纪中叶，随着化学和材料科学的进步，层析技术得到了快速发展。1941 年，纸层析技术的出现极大地简化了层析操作过程，1952 年，气相色谱(gas chromatography，GC)概念的提出进一步拓展了层析技术的应用范围。20 世纪 60 年代，随着高效液相色谱(high-performance liquid chromatography，HPLC)的出现，层析技术进入了新的发展阶段。此后，层析技术不断与质谱(mass spectrometry，MS)、核磁共振(nuclear magnetic resonance，NMR)等其他分析技术联用，进一步提高了分析的准确性和效率。

层析技术的最大特点是分离效率高，能分离各种性质极相类似的物质，既可以用于少量物质的分析鉴定，又可用于大量物质的分离纯化制备。因此，作为一种重要的分析分离手段与方法，层析迅速成为分析化学和生物化学研究中的重要工具，广泛应用于科学研究与工业生产。

1.3.1　层析技术基础理论

层析技术是一种基于被分离物质的物理、化学及生物学特性的不同，使它们在某种基质中移动速率不同而进行分离和分析的方法。例如，利用混合物各组分在溶解度、吸附能力、立体化学特性及分子的大小、带电和离子交换情况、亲和力的大小及特异的生物学反应等方面的差异，使其在基质中的停留程度不同，从而实现分离。

(1)固定相和流动相

层析操作中，固定相(stationary phase)和流动相(mobile phase)是混合物各组分实现分离的载体。

固定相是层析过程中相对静止的相，可以是固体物质(如吸附剂、凝胶、离子交换剂等)，也可以是液体物质(如固定在硅胶或纤维素上的溶液)。固定相的作用是提供一个表面或介质，使混合物中的组分能够与其发生可逆的、特异或非特异的相互作用(吸附、结合、溶解、排斥等)。例如，在吸附层析中，固定相通常是固体吸附剂(如硅胶或氧化铝)，它们通过吸附作用与组分发生相互作用；在离子交换层析中，固定相带有可交换的离子基团，可以与带电的组分发生离子交换作用。不同组分与固定相的相互作用强度不同，导致其在固定相中的保留时间不同，从而实现分离。固定相的性质(如化学性质、孔隙结构、表面电荷等)对组分的保留效果有重要影响。此外，在柱层析中，固定相还起到维持层析柱结构稳定的作用。

流动相是层析过程中流动的相，通常为液体、气体或超临界流体，通常需要泵或其他装置进行推动。流动相的作用是携带混合物通过固定相，形成动态的分离过程。流动相的性质(如 pH 值、离子强度、有机溶剂比例等)可以调控组分与固定相的相互作用强度。改变流动相的性质(如化学性质、流速、黏度等)可将保留在固定相中的组分逐步洗脱下来,因此在实验操作中通常又将流动相称为洗脱液。

在层析过程中,混合物中的各组分在固定相与流动相之间不断进行分配。各组分的理化性质不同,它们与固定相和流动相的相互作用力也不同,从而导致它们在两相中的分配能力不同。在固定相中停留时间较长的组分移动速率较慢;反之,则在流动相中移动速率较快。通过控制流动相的流速和性质,可以实现不同组分的有效分离。固定相和流动相是层析技术的两个关键组分,它们的性质和相互作用对分离效果有决定性影响。

(2)分配系数

在层析过程中,组分在固定相与流动相之间的分配并不是一次性过程。当组分进入层析系统时,一部分分子会从流动相进入固定相,另一部分则保留在流动相中,随着流动相的移动,固定相中的分子会重新进入流动相,而流动相中的分子也会再次进入固定相,组分在两相之间分配的动态过程不断重复,直到组分完全通过层析系统。

组分在固定相与流动相之间的分配能力可以用分配系数(partition coefficient, K)描述。分配系数是指在一定温度下,处于平衡状态时,组分在固定相中的浓度和在流动相中的浓度之比,以 K 表示。

$$K = \frac{c_s}{c_m} \tag{1-15}$$

式中, c_s 为组分在固定相中的浓度; c_m 为组分在流动相中的浓度。

分配系数越大,组分在固定相中的停留时间越长,移动速率越慢;反之,分配系数越小,组分在流动相中的移动速率越快。

分配系数与被分离物质、固定相和流动相的性质及层析柱的温度都有密切的关系。其中对于温度的影响有下列关系式:

$$\ln K = -\Delta G^0 / RT \tag{1-16}$$

式中, K 为分配系数; ΔG^0 为标准吉布斯自由能变化; R 为气体常数; T 为绝对温度。

通常情况下,层析时组分的 ΔG^0 为负值,即温度与分配系数成反比,这是层析分离的热力学基础。温度上升会导致组分的分配系数下降,进而导致其移动速率加快,因此,在层析时最好采用恒温柱。在实验中,可通过控制固定相和流动相的性质或适当地调节温度来调节组分的分配系数,从而实现不同组分的有效分离。

(3)层析图谱与基本参数

层析图谱(chromatogram)是层析技术中用于表示分离结果的图形记录,也是层析分离过程的直观呈现,通常由检测器输出的信号随时间或洗脱体积的变化曲线组成。层析图谱可为了解样品中各组分的分离情况和性质提供丰富的信息。

层析图谱的横坐标为组分的保留时间或洗脱体积,体现组分在层析柱中的迁移速率;其纵坐标为检测信号的强度(如紫外吸收值、荧光强度等),与组分浓度成正比。没有组分流出时的平稳信号线称为基线,用于反映系统背景噪声,基线出现不稳定的信号提示系统不稳定(如温度波动、检测器噪声等)。层析图谱各部分的划分及其表达的物理意义如图1-3 所示。

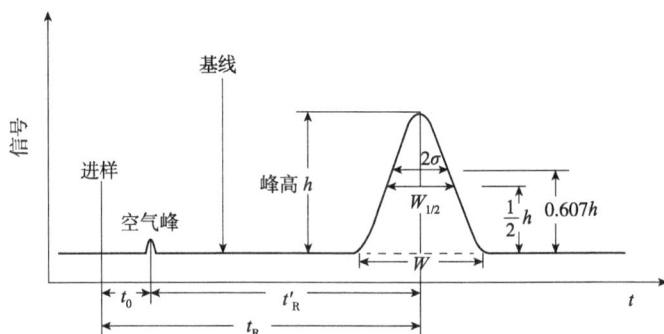

图 1-3 层析图谱示意

①层析峰。层析图谱中的基本内容为层析峰。层析峰又称为色谱峰，是单一组分或性质相近的组分群在检测器响应下形成的信号曲线。当混合物中的某一组分随流动相流经层析柱时，因与固定相相互作用（吸附、分配、离子交换等）的差异，该组分在柱内的迁移速率不同。经过多次动态平衡后，不同组分逐渐分离，并在检测器中形成具有特定位置、形状和面积的信号峰。

峰高（h）：指层析峰顶至基线的垂直距离，与组分浓度直接相关。

峰底峰宽（W）：指峰两侧拐点上的切线在基线上的截距。

半高峰宽（$W_{1/2}$）：峰高 1/2 处的宽度。

峰面积：峰与基线围成的区域面积，是层析定量分析的依据。

标准偏差（σ）：指 0.607h 处的层析峰宽的 1/2。

层析峰是层析分离结果的直观表达，其位置、形状和大小共同揭示了组分的理化性质、分离系统的性能及实验条件的合理性。例如，理想状态下，单一组分的峰形应该符合正态分布，表现为对称的高斯峰。当填料表面活性位点过载、层析柱头塌陷或发生化学吸附，峰后沿会缓慢下降，呈现"拖尾"现象；而死体积过大或溶剂效应则会导致峰的前沿平缓。如果获得单峰，未必代表是单一组分，也可能是未分离的组分群，需结合其他分析手段（如质谱）确认纯度。如果出现杂峰，可能是非目标组分或污染物产生的峰，需通过优化样品前处理或层析条件加以消除。总之，掌握峰的定义与分析方法是优化层析工艺、实现高效分离的核心技能。

②保留值。是指样品各组分在层析体系中保留行为的量度，一般用时间或体积来衡量。

保留时间（t_R）：是指组分从进样到峰顶出现的时间，反映组分与固定相的相互作用强度，保留时间越长，保留作用越强。

死时间（t_0）：是指流动相中的溶质不被固定相吸附或溶解而经过层析柱的时间。实际应用中，通常利用与流动相性质相近、在层析柱上无保留的溶质通过层析柱的时间来测定，表示为图谱中溶剂峰（空气峰）的峰顶时间。死时间属于非滞留时间，与固定相基质的空隙体积（即柱内未被固定相填料占据的体积）成正比。

保留体积（V_R）：是指组分在固定相中停留的体积，可以通过洗脱体积（V_E）减去死体积来计算：$V_R = V_E - V_0$。式中的洗脱体积是指从进样开始到某一组分被洗脱出层析柱时所通过的流动相体积，它与保留时间成正比。在已知流动相流速(F，mL/min)和保留时间的情况下，洗脱体积可以通过 $V_E = Ft_R$ 计算，也可以在实验操作中直接测量获得。

死体积(V_0)：是指层析柱中未被固定相占据的空隙体积，即流动相在柱内占据的总体积。通常通过非保留物质(如硫脲或硝酸钠)的洗脱体积来确定。

③分离参数。包括容量因子、选择因子和分离度。

容量因子(k')：是衡量组分保留强度的核心参数，定义为某组分在固定相与流动相中停留时间的比值：$k' = (t_R - t_0)/t_0$。容量因子与体积的关系则表示为：$k' = (V_R - V_0)/V_0$。k' 值越大，组分保留越强，通常优化范围为 $1 < k' < 10$。

选择因子(α)：又称分离因子，是指在同一层析体系中，两种组分的容量因子之比，可表示为：$a = k_2'/k_1'$，其中 $k_2' > k_1'$。选择因子表征了分离选择性，仅当两种组分的选择因子大于 1.2 时才实现有效分离。

容量因子(k')与分配系数(K)之间存在密切联系，关系式如下：

$$K = \frac{c_s}{c_m} = \frac{m_s/V_s}{m_m/V_m} = k' \cdot \frac{V_m}{V_s} = k' \cdot \beta \tag{1-17}$$

式中，c_s 为组分在固定相中的浓度；c_m 为组分在流动相中的浓度；m_s 为组分在固定相中的质量；m_m 为组分在流动相中的质量；V_s 为固定相的体积；V_m 为流动相的体积；β 为相比，定义为 $\beta = V_m/V_s$。

因此，选择因子也可表示为：

$$\alpha = K_2/K_1 \tag{1-18}$$

从以上关系可以看出，分配系数越大，保留体积越大，组分在固定相中停留的时间也越长，与固定相的相互作用越强。相反，分配系数较小的组分在流动相中移动速率较快，保留体积较小，停留时间也较短。

分离度(R_s)：又称分辨率，是衡量两个相邻峰之间分离程度的指标，定义为两个峰的保留时间之差与两个峰宽之和 1/2 的比值：

$$R_s = \frac{2(t_{R_1} - t_{R_2})}{W_1 + W_2} \tag{1-19}$$

式中，t_{R_1} 和 t_{R_2} 为两个相邻峰的保留时间；W_1 和 W_2 为两个峰的峰宽。

当 $R_s = 1$ 时，两组分具有较好的分离，每种组分的纯度约为 98%；当 $R_s = 1.5$ 时，两组分基本分开，每种组分的纯度可达 99.8%。当两种组分的浓度相差较大时，尤其要求较高的分离度，否则低浓度组分的峰很容易被高浓度组分的峰掩盖。

(4)塔板理论

层析技术的核心在于不同组分在固定相与流动相之间分配行为的差异。然而，前文所描述的参数仅反映层析操作的结果，难以定量描述分离过程的内在规律，从而给予理论性的指导。为了更深入地理解层析分离的机制，科学家们借鉴了化学工程中的塔板理论。这一理论将层析柱抽象为一系列连续的"理论塔板"，每一块塔板代表一次分配平衡过程，如同蒸馏过程中气液两相在蒸馏塔的每一块塔板上进行接触与平衡。利用这种多次平衡分配的核心思想，塔板理论将层析中复杂的动态分离过程简化为可量化的数学模型。

理论塔板数(N)是衡量物质在层析柱内分配次数的重要参数，是评价层析柱分离效率（柱效）的核心指标。若一根层析柱的柱长为 L，在层析柱内每达到一次平衡需要的高度（塔板高度）为 H，则理论塔板数 $N=L/H$。当层析柱的桩长一定时，塔板高度越小，理论塔板数越多，分配次数就越多，柱效越高，而塔板高度则与固定相的种类、性质（粒度、粒径分布等）、填充状况等多种因素有关。

在实际应用中，理论塔板数可以通过流出曲线中层析峰的保留时间(t_R)、半高峰宽($W_{1/2}$)或峰宽(W)来计算。对于符合正态分布的层析峰，理论塔板数的经验计算公式为：

$$N = 5.54\left(\frac{t_R}{W_{1/2}}\right)^2 \text{ 或 } N = 16\left(\frac{t_R}{W}\right)^2 \tag{1-20}$$

相同保留时间的组分，峰宽越小，理论塔板数越大，说明峰宽越尖锐，柱效越高，可分离组分越多，可见峰宽也是衡量柱效的参数。

（5）速率理论

尽管塔板理论为层析技术提供了重要的理论框架，但其本身也存在一定的局限性。首先，塔板理论基于理想化假设，认为组分在每一块塔板中能够瞬间达到分配平衡，而实际层析过程中，传质动力学的影响不可忽略，组分在固定相与流动相之间的传质速率有限，可能导致峰形拖尾或前延，从而偏离理论预测。其次，塔板理论未直接考虑流动相流速对分离效果的影响，而实际实验中，流速的变化会显著影响柱效和分离度。此外，塔板理论对复杂样品的适用性有限，特别在多组分分离中，其预测精度可能下降。

荷兰科学家范·第姆特(J. J. van Deemter)吸收了塔板理论的基本概念，从动力学角度出发，把层析分离的分配过程与涡流扩散、分子扩散和传质阻力联系起来，从中确定影响塔板高度的各种因素，称为速率理论。其核心方程——范·第姆特方程揭示了塔板高度与流动相线速度(u)的关系如下所示：

$$H = A + \frac{B}{u} + C \cdot u \tag{1-21}$$

式中，A 为涡流扩散项系数；B 为纵向扩散项系数；C 为传质阻力项系数。

涡流扩散项(A 项)反映流动相在层析柱中因填充不均匀或颗粒大小不一而产生的多路径效应，导致溶质分子在不同路径上的行程差异，从而引起层析峰的展宽。涡流扩散项与色谱柱的填充均匀性、固定相颗粒的大小及形状有关。填充越均匀、颗粒越小且形状越规则，A 值越小，涡流扩散对峰展宽的影响越小。

分子扩散项 B/u(B 项)表示溶质分子在流动相中的纵向扩散对峰展宽的贡献。溶质分子从高浓度区域向低浓度区域扩散，导致色谱峰变宽。分子扩散项与溶质的扩散系数成正比，与流动相的流速成反比。扩散系数越大，分子扩散越明显；流速越低，溶质在柱中停留时间越长，扩散越严重。虽然提高流动相的流速可以减少分子扩散对峰展宽的影响，但过高的流速可能会增加传质阻力，需要综合考虑。

传质阻力项 $C \cdot u$(C 项)反映溶质在固定相和流动相之间传质过程中存在的阻力。传质阻力主要源于溶质分子在两相间达到平衡所需的时间。传质阻力项与固定相的性质、液膜厚度、溶质在固定相中的扩散系数等因素有关。固定相颗粒越小、液膜越薄、扩散系数越大，传质阻力越小。选择合适的固定相颗粒大小和液膜厚度，提高溶质的扩散系数，可以减小传质阻力，提高分离效率。

将范·第姆特方程中的理论塔板高度对流动相流速作图，可以得到一条双曲线（图1-4）。随着流速的增加，理论塔板高度先减小后增大，存在一个最低点。最低点对应于最佳流速（u_{opt}），在此流速下理论塔板高度达到最小值（H_{min}），柱长不变的情况下，理论塔板数最大，柱效最高。因此，在实际层析操作中，通常需要选择接近最佳流速的操作条件，以平衡分离效率和分析速率。

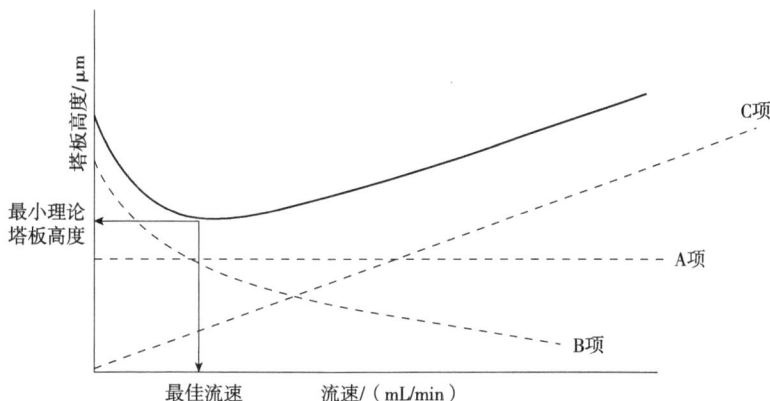

图 1-4　范·第姆特方程中理论塔板高度与流动相流速的关系

塔板理论和速率理论共同构成了层析技术的理论基础，分别从热力学和动力学角度揭示了分离过程的内在规律。两种理论相辅相成，推动了层析技术从经验操作向理论指导的转变。在实际应用中，可以结合塔板理论和速率理论指出的影响因素，评估并优化实验条件，发展出更为高效精准的分离方法。

1.3.2　层析技术的类型与操作注意事项

(1)层析技术的类型

层析技术可以根据不同的标准进行分类，以下介绍几种常见的分类方式及其特点和应用。

①按固定相和流动相的物理状态分类。层析技术根据固定相和流动相的物理状态分为以下类型（表1-5）。

表 1-5　层析技术按固定相和流动相的物理状态分类

类型		特点	应用场景
气相层析	气液层析	固定相为液体，流动相为气体	适用于分离挥发性化合物，广泛应用于环境监测、食品分析、石油化工等领域，如检测大气中的有机污染物、食品中的添加剂和农药残留等
	气固层析	固定相为固体，流动相为气体	适用于分离气体混合物，常用于气体的分离和纯化，如天然气的处理和工业气体的制备

（续）

类型		特点	应用场景
液相层析	液液层析	固定相和流动相为两种互不相溶的液体	适用于分离极性相近的化合物，在生物化学和有机化学领域用于分离复杂的液体样品，如蛋白质、核酸和有机化合物
	液固层析	固定相为固体，流动相为液体	适用于分离非挥发性化合物，广泛应用于药物研发、生物医学研究和环境分析，如药物成分的分离和生物样品的纯化
超临界层析	超临界流体层析	流动相为超临界流体（如二氧化碳），固定相为固体或液体。结合了气相和液相色谱的优点，具有高溶解性和高扩散性	适用于分离高沸点、低挥发性和热敏感性化合物，在药物分析、食品检测、环境监测等领域发挥着重要作用

根据生物分子的高沸点、易失活特性，在实验中使用较多的是液相层析。

②按分离机制分类。层析技术可以根据分离机制分为以下类型（表1-6）。

表1-6 层析技术按分离机制分类

类型	特点	应用场景
吸附层析	固定相为固体吸附剂，如硅胶、氧化铝等，利用吸附剂对不同组分的吸附能力差异进行分离	广泛应用于有机化合物的分离和纯化，如石油产品的精制和天然产物的提取
分配层析	固定相和流动相为两种互不相溶的液体，利用组分在两相领域的分配系数差异进行分离	常用于生物化学和有机化学领域的分离，如蛋白质、核酸和有机化合物的分离
离子交换层析	固定相为离子交换剂，如阳离子交换树脂和阴离子交换树脂。利用组分与离子交换剂之间的静电相互作用差异进行分离	广泛应用于生物大分子的分离和纯化，如蛋白质、核酸和多糖的分离
凝胶过滤层析	固定相为多孔凝胶，如琼脂糖凝胶、交联琼脂糖凝胶等。利用凝胶的孔隙对组分进行分子筛分	用于分离不同分子质量的生物大分子，如蛋白质、核酸和多糖
亲和层析	固定相为具有特异性亲和力的配体，如抗体、酶等。利用组分与配体之间的特异性结合进行分离	用于高选择性地分离和纯化特定的生物大分子，如蛋白质、酶和受体

在实际应用中，可先后使用不同分离机制的层析方法对生物分子进行分离和纯化。例如，用盐析法提取的粗蛋白可以先利用凝胶过滤层析（又称分子筛）脱盐脱色素，再利用离子交换层析去除非目标组分，最后用亲和层析进行选择性收集。需要注意的是，层析操作虽然能去除杂质，但会引起目标组分的损失，需要根据结果综合评估得失，从而获得最优方案。

③按操作形式分类。层析技术根据操作形式分为以下类型（表1-7）。

表1-7 层析技术根据操作形式分类

类型	特点	应用场景
柱层析	固定相装于柱内，样品通过柱子进行分离。分离效率高	适用于大规模样品的分离和制备，广泛应用于生物化学、有机化学和药物研发中的大规模分离和纯化

（续）

类型	特点	应用场景
薄层层析	固定相均匀铺在薄板上，样品在薄板上展开。操作简便，分离速率快	适用于小量样品的快速分离和鉴定，常用于实验室中的快速分析和鉴定，如药物成分的快速检测和有机化合物的纯度检查
纸层析	用滤纸作为载体，样品在滤纸上展开。操作简单，成本低廉	适用于教育和初步研究，用于分离和鉴定简单的混合物，如氨基酸和有机酸的分离

　　基于柱层析兼具分析与制备的双重功能且可操作性与分辨率都相对较高的特点，在目前的生物化学研究中，使用较多的是柱层析，前文对层析理论的介绍也主要基于柱层析。

　　上述分类方式从不同的角度对层析技术进行了划分，每种分类方式都有其特点和应用场景。通过理解这些分类方式的内涵，可以更好地选择合适的层析技术来满足不同的分析需求。

（2）层析技术操作注意事项

①样品处理。具体要求如下：

a. 样品预处理：根据样品的复杂程度和目标分子的性质选择合适的预处理方法，如离心、过滤、沉淀等，以去除杂质和颗粒物，确保样品的澄清和稳定。确认样品在流动相中完全溶解，必要时使用相应的滤膜过滤，避免沉淀堵塞系统。

b. 标准品配制：使用色谱纯溶剂配制；现配现用或-20℃保存（尤其对光/热不稳定物质）；梯度稀释时需考虑溶剂效应。

②分析操作。具体要求如下：

a. 层析柱的装填与使用：层析柱的装填应均匀、紧密，避免气泡产生和不均匀填充。装填完成后，使用适当的平衡液进行平衡，确保柱内无气泡且填充物均匀。使用时，应避免压力突然变化，柱温不超过层析柱的温度适用范围。

b. 上样量：根据层析柱的规格和目标分子的性质确定合适的上样量。上样量不宜过大，以免超过层析柱的分离能力。

c. 洗脱条件与流速控制：选择合适的洗脱条件（如等度洗脱或线性梯度洗脱），根据预实验确定洗脱液流速，流速应稳定，避免过快或过慢。

d. 检测：根据目标分子的性质选择合适的检测方法（如紫外检测、荧光检测等）。检测过程中应确保检测器的灵敏度和稳定性。

③数据处理。具体要求如下：

a. 数据记录与整理：实验过程中应详细记录层析条件（如柱温、流速、洗脱液组成等）、样品信息（如浓度、体积等）以及检测数据（如峰面积、峰高、保留时间等）。数据应准确、完整，并及时整理和备份。

b. 数据分析与处理：对测量数据进行定量或定性分析，建议利用专业的数据处理软件进行数据的进一步分析和处理，包括峰识别、积分、定量计算等。确保软件参数设置合理，避免数据处理误差。

④仪器维护。具体要求如下：

a. 日常维护：层析仪器应定期进行清洁和维护，包括层析柱的清洗、检测器的校准、高压输液泵的维护等。使用完毕后，应及时用适当的溶液冲洗层析柱和管道，防止残留物堵塞。

b. 层析柱的保存：层析柱应存放在干燥、通风、避光且温度适宜的环境中，避免长时间暴露在高温、高湿、强光或有化学腐蚀性气体的环境，防止层析柱的填料和柱体受到损坏。长期保存时，反相色谱柱应保存于甲醇或乙腈中，正相色谱柱应保存于严格脱水的正己烷中，离子交换柱可存于含防腐剂的水中。

1.3.3　层析技术的应用

层析技术在生物学科中的应用需要以生物分子的特性为前提（表1-8）。

表 1-8　生物分子的特性

分子类型	关键参数	适用层析技术
蛋白质	分子质量 10~100 ku，等电点有差异	凝胶过滤、离子交换层析、亲和层析
氨基酸	分子质量较小，等电点有差异	离子交换层析、薄层层析、纸层析
核酸	主要可解离基团为磷酸基团，酸解离常数的负对数（pK_a）约为 2	离子交换层析、亲和层析
核苷酸	可解离基团为磷酸基团、氨基、羟基	离子交换层析
多糖	分子质量大于 5 ku，羟基/糖醛酸基团	凝胶过滤、疏水层析

从表1-8可以看出，蛋白质这种分子质量较大的生物分子，可以通过凝胶过滤将其与小分子杂质（如盐类、色素等）分开，且由于蛋白质的分子质量变化也较大，凝胶过滤也能对分子质量一定差异范围内的不同蛋白质进行分离。如果需要获得某些高纯度的样品（如酶、抗体、受体等），亲和层析则更为适用，通过在固定相上连接特异性配体（如酶的底物或抑制剂、抗原、受体配体等），可以实现对目标分子的高选择性捕获和纯化。对于存在或能形成电荷差异的分子，如蛋白质、氨基酸、核酸以及核苷酸等，可以用离子交换层析实现分离。多糖的分子质量较大，适合通过凝胶过滤层析根据分子大小进行分离，且由于羟基和糖醛酸基团使其具有一定的疏水性，也适合通过疏水层析进行分离。依据生物分子的理化特性等关键参数，选择合适的层析技术，才能实现高效、准确的分离和纯化。

层析技术可用于对生物分子进行定性和定量分析。

（1）定性分析

利用层析技术实现定性分析主要基于检测信号的特征或物质的特异性结合能力。不同组分在固定相和流动相之间的分配系数不同，导致它们在层析柱中的移动速率不同，随洗脱液流出的时间和浓度就会出现差异。通过检测器（如紫外检测器、荧光检测器、电化学检测器等）检测洗脱液中的信号，根据信号的特征（如保留时间、峰形等）可以判断样品中是否含有目标分子。以凝胶过滤层析（分子筛）为例，在多孔凝胶填充的层析柱中，较大的分子流动较快，较小的分子流动较慢。将粗提样品溶解在适当的缓冲液中并加载到层析柱顶部，再用适当的缓冲液进行洗脱，同时通过紫外检测仪观察在波长 260 nm 或 280 nm 处是否出现洗脱峰，即可判断是否有核酸（260 nm）或蛋白质（280 nm）等大分子流出。层析配合标准品的使用或数据库信息还可以对样品进行初步定性分析，为更进一步通过质谱或核磁共振解析分子结构提供参考。

利用物质的特异性结合能力实现的定性分析则更为精准。例如，在亲和层析中，利用分子间的特异性识别和相互作用(如抗原与抗体结合、酶与底物或抑制剂结合等)，可以将目标分子从复杂混合物中特异性捕获。

(2)定量分析

利用层析技术实现定量分析的关键在于建立检测信号(如峰面积或峰高)与待测组分浓度之间的定量关系。

大多数层析检测器(如紫外检测器、荧光检测器)的响应信号与组分浓度在一定范围内呈线性关系，该关系通常需要通过实验确定。由检测器信号变化形成的层析峰则可以反映这一关系。在理想条件下，层析峰面积与进样量成正比；在样品量极低的情况下，锐利的层析峰几乎呈线形，此时也可以近似地认为峰高与进样量成正比。

获得一个准确的线性关系以及确保未知样品浓度在检测范围内是定量成功的关键。由于不同组分的响应因子可能存在差异，实际分析中需通过校正方法建立准确的定量关系。常用的定量校正方法包括外标法、内标法和归一化法。

①外标法。是使用已知浓度的标准品绘制标准曲线，通过比较样品与标准品的峰面积进行定量。一般步骤：先配制一系列已知浓度的标准品，覆盖目标分子的预期浓度范围；然后将标准品和未知样品分别加载到层析柱中进行洗脱；再通过检测仪器(如紫外检测器、荧光检测器等)记录信号强度并绘制标准曲线(峰面积—浓度曲线或峰高—浓度曲线)；最后通过线性回归确定标准曲线的方程，将未知样品的信号强度代入方程计算其浓度。该方法操作简单，但对进样量精确度要求高，不适用于复杂基质样品。

②内标法。是在样品和标准品中加入已知量的内标物，通过组分与内标物的峰面积比进行定量。一般步骤：选择合适的内标物(化学性质相似但不与样品组分共洗脱)；向所有样品和标准品中加入等量内标；绘制组分峰面积/内标峰面积浓度标准曲线；计算样品浓度。该方法虽然可以减少进样误差，提高精度，但需要选择合适的内标，这无疑增加了实验的复杂度。

③归一化法。相比于前面两种方法，归一化法更适用于相对定量分析。该方法假设所有组分均被检出且响应因子相同，则各组分的相对含量等于其峰面积占总峰面积的百分比。归一化法的优势在于无需标准品，仅需测量峰面积即可对多组分同时进行定量，进样量、流速等操作条件的变化对结果影响较小。但是，归一化法要求样品中所有组分均能出峰，并且检测器对所有组分的响应一致，导致其适用范围有限，且无法检测微量杂质，因此不适合高精度分析。

此外，检测器的线性范围系统自身的稳定性、对重叠峰的处理及峰面积计算方法等，都是影响定量准确性的重要因素。

1.4　电泳技术

电泳是指带电颗粒在电场中受电场力的作用下，向着与其电性相反的电极移动的现象。1807 年，俄国物理学家 F. F. Reuss 最早观察到带负电荷的黏土颗粒向正极迁移的现象。1909 年，德国生物化学家 L. Michaelis 正式将胶体离子在电场中的移动命名为电泳（electrophoresis），并通过实验测定了转化酶和过氧化氢酶的电泳移动和等电点。1937 年，瑞典乌普萨拉大学学者 A. Tiselius 对电泳仪器进行了改进，创造了 Tiselius 电泳仪，并建立了研究蛋白质的移动界面电泳方法，并因此获得 1948 年诺贝尔化学奖，标志着电泳作为一种分离技术正式应用于科学研究领域。随着科学技术的不断发展，电泳技术又经历了多次重大改进。1948 年，H. Wieland 和 E. Fischer 发展了以滤纸作为支持介质的电泳方法，为氨基酸的分离研究提供了新的手段。1959 年，S. Raymond 和 L. Weintraub 利用人工合成的凝胶作为支持介质，创建了聚丙烯酰胺凝胶电泳，这一技术极大地提高了电泳的分辨率，开创了近代电泳的新时代。进入 20 世纪 80 年代，毛细管电泳技术的出现进一步推动了电泳技术的发展，成为化学和生化分析鉴定领域的重要技术。

利用电泳技术能够对复杂的混合物进行精细的分离和分析，即使对已经结晶纯化的样品，电泳分析也可能分出两条或更多的电泳带，展现极高的分辨率。并且，电泳过程通常在较为温和的条件下进行，对于不稳定的生物大分子的分离纯化，电泳技术往往比沉淀、离心、层析等其他分离技术更为方便和可靠，能够有效保护生物大分子的结构和功能。电泳技术的这些优势使其在生物化学、分子生物学、生物医学等领域得到了广泛的应用。

1.4.1 电泳技术基础理论

电泳的基本原理是带电颗粒在电场中受到电场力的作用向相反电极移动。颗粒的迁移速率受多种因素影响，包括颗粒的电荷性质（电性和电荷量）、大小、形状及电泳介质的性质等。颗粒的电性决定了其在电场中的迁移方向，而颗粒的电荷量、大小和形状则影响其在介质中移动时所受的阻力，电泳介质的离子强度、pH 值和黏度等也会对颗粒的迁移速率产生影响。不同颗粒在同一电场条件下进行差速迁移是电泳分离的理论基础。

(1) 带电颗粒的基本受力情况

在电泳过程中，带电颗粒主要在电场力和介质摩擦阻力的共同作用下运动。虽然重力和浮力（或介质支持力）依然存在，但在大多数电泳实验中，电场力和介质摩擦阻力的贡献远大于重力和浮力，因此这些力对带电颗粒运动的影响通常忽略不计。

①电场力。当带电颗粒处于电场时，会受到电场力（F）的作用，这个力促使带电颗粒向与其电荷相反的电极方向移动。电场力的大小等于颗粒所带净电荷量（Q）与电场强度（E）的乘积，即 $F=QE$。其中，电场强度由电泳装置中的电源提供，通常以电压梯度（V/cm）表示。颗粒的电荷量取决于其表面性质和电泳介质的 pH 值。在不同的 pH 值条件下，颗粒可能带正电、负电或不带电，从而影响其电泳迁移方向和速率。

②摩擦阻力。颗粒在电泳介质中移动时会受到各种电泳阻滞力，其中主要为来自介质的摩擦阻力（F'）。球形带电颗粒在自由溶液中与介质的摩擦阻力服从斯托克斯定律（Stokes law），即

$$F' = 6 \cdot \pi \cdot r \cdot \eta \cdot v \tag{1-22}$$

式中，r 为质点半径；η 为介质黏度；v 为质点移动速率。

摩擦阻力的大小与颗粒的大小、形状、介质的黏度及泳动速率等多种因素相关。例如，较小的颗粒在介质中移动时受到的阻力相对较小，因此迁移速率相对较快；形状规则的颗粒（如球形）在介质中移动时受到的阻力较小，迁移速率较快。

③受力平衡状态。当电场力与阻力达到平衡时，带电颗粒将以恒定速率（v）迁移，此时，$F = F'$，即

$$QE = 6 \cdot \pi \cdot r \cdot \eta \cdot v \tag{1-23}$$

可见，球形质点的迁移率首先取决于自身状态，即与所带电荷量成正比，与其半径及介质黏度成反比。除了自身状态的因素外，电泳体系中其他因素也影响质点的电泳迁移率。

（2）电泳迁移率

如果将带电颗粒溶液置于没有干扰的电场中，使带电颗粒以恒定速率泳动，可以计算颗粒在单位电场中的移动速率，即电泳迁移率（μ）或泳动度（m），表示为：

$$\mu = \frac{v}{E} \tag{1-24}$$

式中，μ 为电泳迁移率[$cm^2/(V \cdot s)$]；v 为颗粒迁移速率（cm/s）；E 为电场强度（V/cm）。

对于球形颗粒而言，可进一步根据式（1-23）从微观角度解释颗粒迁移的本质，即

$$\mu = \frac{Q}{6 \cdot \pi \cdot \eta \cdot r} \tag{1-25}$$

式中，Q 为颗粒所带电荷量（C）；η 为介质黏度（$Pa \cdot s$）；r 为颗粒半径（m）。

电泳迁移率是电泳技术中的一个重要参数。带电颗粒的电泳迁移率受到各种内在和外在因素的影响，不仅取决于颗粒的性质，还受电泳介质的影响。通过测量颗粒的电泳迁移率，可以推断颗粒的电荷性质、大小和形状等特性，从而实现对颗粒的分离和分析。

①内在因素。如颗粒的电荷量及其大小、性状。在其他条件固定的情况下，颗粒的电荷量越大，受到的电泳力越大，迁移率越高。对于生物分子而言，其电荷性质取决于表面官能团的电离情况，这又与电泳介质的 pH 值密切相关。在不同的 pH 值条件下，生物分子的电性与电荷量决定其迁移方向和速率。当电荷量固定时，较小的颗粒在介质中移动时受到的阻力较小，因此迁移率较高。规则形状的颗粒（如球形蛋白）在介质中移动时受到的阻力较小，迁移较快；而非球形颗粒（如纤维状蛋白）在介质中移动时受到的阻力较大，迁移率相对较低。

②外在因素。主要包括电场强度、温度以及电泳介质的性质等。电场强度越高，带电颗粒受到的电泳力越大，迁移速率越快。但过高的电场强度可能导致介质过热、样品降解或电场畸变等问题。温度对电泳迁移率的影响体现在温度升高通常会降低介质的黏度，使带电颗粒迁移速率加快，温度过高则可能导致样品变性或介质蒸发，影响电泳效果。因此，在电泳过程中需要根据实验需求选择合适的电场强度并控制在适宜的温度。电泳介质的离子强度、pH 值和黏度等都会影响带电颗粒的电泳迁移率。较高的离子强度会压缩颗粒的电双层，降低其有效电荷，从而降低迁移率。介质的 pH 值影响带电颗粒的表面电离程度，进而改变其电荷性质。电泳介质的黏度越大，带电颗粒移动时受到的阻力越大，迁移率越低。

1.4.2　电泳的支持介质

电泳的支持介质是电泳过程中颗粒迁移的载体，其作用是为颗粒提供稳定的迁移环境，并支持颗粒的分离。常用的电泳支持介质包括滤纸、薄膜、各类凝胶及毛细管等。不同的支持介质具有不同的孔隙结构和理化性质，适用于不同大小和性质的颗粒分离，在结果呈现上也有所不同。

(1) 纸电泳

纸电泳的支持物是经过特殊处理确保其在电泳过程中具有稳定性和均匀性的滤纸，具有孔隙较大、吸附性强的特点。较强的吸附性可能导致"拖尾"现象，影响分离效果，分辨率也较低，所以并不适用于复杂样品的电泳分离。但因纸电泳成本低、操作简便而被较多应用于氨基酸、核苷酸等小分子物质的教学实验和初步的化学分析。

纸电泳完成后，结果通常通过染色来观察。常用的染色剂包括氨基黑、丽春红、考马斯亮蓝和硝酸银。前 3 种染色剂常用于蛋白质和多肽的染色，将电泳后的滤纸浸入染色液一定时间后，蛋白质和多肽会与染料结合而显色。硝酸银对核酸和某些蛋白质有良好的染色效果，染色时将滤纸浸入硝酸银溶液，经过化学反应，核酸和蛋白质会还原出银颗粒而显色。

染色后，滤纸通常需要进行脱色处理以去除背景染色，以使结果更加清晰。脱色通常采用漂洗法，即将滤纸放入由乙醇、乙酸和水组成的漂洗液中轻轻摇动，或使用特定的溶剂(如含有乙醇和乙酸的混合溶液)进行脱色，使背景染料溶解在溶剂中，而目标斑点的染料仍保留在滤纸上。具体的染色剂选择和脱色方法需根据样品的性质和实验要求来确定。

(2) 薄膜电泳

用作电泳支持物的薄膜通常由乙酸纤维素制成，即将乙酸纤维素溶解在有机溶剂中，涂布成均匀的薄膜。薄膜对蛋白质样品吸附极少，无"拖尾"现象，染色后背景能完全脱色，蛋白质染色条带分离清晰，提高了定量分析的精确性。相比纸电泳，薄膜电泳在蛋白质分析中展现了更大的优势，一些在滤纸上难以分离的蛋白质，如胎甲球蛋白、溶菌酶、胰岛素、组蛋白等，薄膜电泳能较好地分离。但薄膜的机械强度相对较低，容易破损，厚度也比较小，样品用量有限，可调性不强。

薄膜电泳常用的染色剂和脱色剂与纸电泳类似，背景脱色效果更佳，且染色后的薄膜经处理后可制成透明的平板，有利于扫描定量及长期保存。

(3) 凝胶电泳

凝胶是目前使用广泛的电泳支持介质，由琼脂糖、聚丙烯酰胺、琼脂、淀粉胶等物质制成，其中琼脂糖凝胶和聚丙烯酰胺凝胶凭借高分辨率、高化学稳定性及生物相容性，在生物分子的电泳分离中得到普遍使用。

①琼脂糖凝胶。由琼脂糖分子组成的网络结构。琼脂糖是一种天然的多糖，提取自海藻，在电泳中，琼脂糖凝胶通过加热溶解冷却后形成凝胶，孔隙大小可通过调整琼脂糖的浓度来控制。琼脂糖凝胶电泳适用于分离较大的生物大分子，如 DNA、RNA 和蛋白质等。在一定浓度的琼脂糖凝胶介质中，DNA 分子的电泳迁移率与其分子质量的常用对数成反

比；分子构型也对迁移率有影响，如共价闭环 DNA＞直线 DNA＞开环双链 DNA。

琼脂糖凝胶电泳的结果观察也需要通过染色来实现。常用的染色剂包括溴化乙锭（EB）以及新型的核酸染料 GelRed 和 GelGreen 等。在制胶阶段，可选择将染料直接加入琼脂糖溶液中，使染色与电泳同步完成，这种方法称为胶染法，适用于快速检测，但可能略微减缓 DNA 迁移速率。新型核酸染料 GelRed 和 GelGreen 具有较高的灵敏度和安全性，能够检测更低浓度的 DNA，且不会穿透细胞膜，对人体的潜在危害大大降低。此外，一些具有安全认证的水溶染色剂废弃物可直接倒入下水道处理，不会对环境造成污染。泡染法则是在电泳完成后将凝胶浸泡于染色液中，适用于对 DNA 迁移影响敏感的实验。染色后的凝胶在紫外凝胶成像系统中观察，核酸分子在紫外光照射下发出荧光，从而可以观察到核酸条带的位置和亮度。某些新型染料在可见光下也具有良好的荧光效果，兼容各种成像系统。通过与已知分子质量的核酸标准品对比，可估算样品中核酸分子的大小。

②聚丙烯酰胺凝胶。是由丙烯酰胺单体和交联剂（如甲叉双丙烯酰胺）在催化剂作用下聚合形成的三维网络结构。通过调节丙烯酰胺的浓度和交联度，可以控制凝胶的孔隙大小，从而实现对不同大小颗粒的分离。聚丙烯酰胺凝胶比琼脂糖凝胶更坚韧，不易破损，适合长时间电泳和高电压条件，对一些较小的生物大分子（如寡核苷酸和小肽）也具有较高的分辨率，广泛应用于蛋白质、核酸和多肽等生物大分子的分离，也可用于研究生物大分子的特性，如电荷、分子质量、等电点及分子构型。

聚丙烯酰胺凝胶电泳的染色技术根据检测目标不同而有所区别。在蛋白质检测方面，传统考马斯亮蓝染色法仍广泛使用，而银染法凭借超高灵敏度（0.1 ng 级）成为低丰度蛋白检测的首选。近年也不断出现一些创新染色方案，如 Stain-Free 技术，通过凝胶中的三卤素化合物与蛋白质发生光化学反应，在紫外光照射下直接显色，不仅将检测时间从数小时缩短至 5 min，还避免了有毒染色剂的使用。核酸检测则多采用 SYBR Gold 或 GelRed 等荧光染料，其灵敏度可达溴化乙锭染色的 10 倍且安全性更高。

（4）毛细管电泳

毛细管电泳是一种新型的电泳技术，使用细长的毛细管作为支持介质。毛细管内壁通常经过特殊处理，以减少样品与管壁的相互作用。毛细管电泳具有高分辨率、快速分析和样品用量少等优点，适用于分离小分子、离子和生物大分子等。

毛细管电泳结果的观察方式与传统凝胶电泳有显著差异，其检测主要依赖仪器内置的检测系统，通常不需要染色处理。常用的检测方法包括紫外—可见光吸收检测、荧光检测和电化学检测。若样品本身无荧光或无紫外吸收，可使用间接检测法或对样品进行荧光标记。例如，使用异硫氰酸荧光素酶等荧光染料标记样品，标记后的样品在电泳分离时可被荧光检测器实时检测。毛细管电泳技术以其高分辨率和快速分离能力著称，结合荧光标记等方法能显著提升检测灵敏度，尤其适用于复杂生物样品中微量成分的分析。

（5）自由电泳

并非所有的电泳都需要支持介质，自由电泳是一种无须固体支持介质的电泳技术。以界面电泳为例，操作时仅需在界面电泳仪的中间漏斗装上待测溶胶，U 形管两端注入等高的稀电解质溶液，并无支持介质。电泳仪上端装电极，底部两个活塞的内径与管径相同，电泳时打开活塞，使溶胶进入 U 形管，两壁液面等高，此时电解质与溶胶之间形成明显的界面，接通电源，观察液面的变化即可。Tiselius 式微量电泳、显微电泳、等电聚焦电泳、等速电泳及密度梯度电泳均属于自由电泳。由于自由电泳的电泳仪构造复杂、体积庞大，操作要求严格且价格昂贵，该方法的发展并不迅速，适用范围也较为局限。

1.4.3　电泳装置

电泳装置主要包括两部分：电泳仪（电源）和电泳槽。此外，电泳装置还有附属装置，如灌胶模具、制胶玻璃板和梳子、凝胶扫描与摄录装置、外循环恒温系统等。

（1）电泳仪（电源）

电泳仪负责为整个电泳体系提供电能，是推动带电颗粒迁移的动力源泉。一般而言，电泳仪可提供从几十伏至数千伏不等的电压。不同的电泳技术需要不同的电压或电流设置，应根据实验样品的特性以及分离需求，在这个宽泛的电压区间内灵活选定具体数值，例如，十二烷基硫酸钠—聚丙烯酰胺凝胶电泳（sodium dodecyl sulfate-polyacrylamide gel electrophoresis，SDS-PAGE）所需电压通常为 $200\sim600$ V。许多电泳仪还配备了智能调控模块，能对输出电压、电流进行精准且实时调控。

（2）电泳槽

电泳槽是承载电泳介质、为带电颗粒提供迁移通道的核心部件。按照实验需求，电泳槽在尺寸、形状上各有差异，小至用于微量样品分析的迷你槽，大到可容纳复杂生物样品的大型槽。材质上，绝缘性能良好的有机玻璃是常见之选。它透光性强，便于研究人员实时观察样品的分离动态。

根据电泳原理，电泳支持物都是放在两个缓冲液之间，电场通过电泳支持物连接两种缓冲液。从形制上看，常用的电泳槽如下：

①圆盘电泳槽。由上、下两个电泳槽和带有铂金电极的盖组成。上槽具有若干孔，孔不用时用硅橡皮塞塞住，使用的孔配以可插电泳管（玻璃管）的硅橡皮塞。电泳管的内径早期为 $5\sim7$ mm，为保证冷却和微量化，现已越来越细。

②垂直板电泳槽。基本原理和结构与圆盘电泳槽基本相同，差别仅在于制胶和电泳不在电泳管中，而是在两片垂直放置的平行玻璃板中间（图 1-5）。

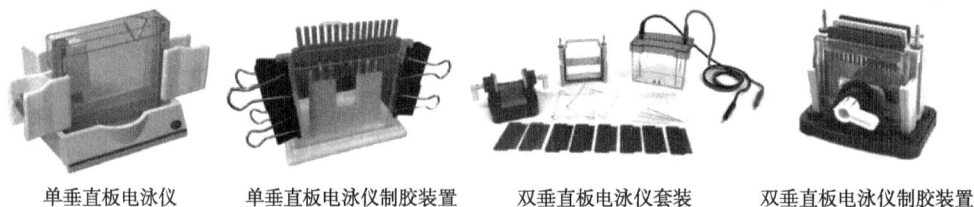

| 单垂直板电泳仪 | 单垂直板电泳仪制胶装置 | 双垂直板电泳仪套装 | 双垂直板电泳仪制胶装置 |

图 1-5　几种常用的垂直板电泳槽

③水平电泳槽。形状各异，但结构大致相同，一般包括电泳槽基座、冷却板和电极。

（3）附属装置

电泳装置的附属装置，种类繁多、功能各异，在电泳实验中也发挥着重要的辅助作用。例如，使用灌胶模具能确保电泳介质凝胶的厚度、宽度等关键参数高度统一、重复性好，为获得理想的分离效果奠定基础。灌胶模具往往选用高光学品质的材质，搭配特制的梳子，能够制备边缘规整、孔位排列有序的凝胶板，利于后续样品的均匀加载。凝胶扫描与摄录装置能快速且灵敏地捕捉凝胶上样品的分离图谱，将肉眼难以直接辨别的细微差异转化为清晰可辨的图像或数据，助力样品组分精确定量和定性分析。外循环恒温系统可通过循环冷却液或制冷剂，将电泳槽内的热量带走，维持电泳槽内温度的稳定，对于需要恒温条件的电泳必不可少。

1.4.4　电泳的类型与操作注意事项

(1) 电泳的类型

电泳技术依据不同的分类标准(如支持介质、电泳原理、操作方式等)可衍生多种类型，每种类型都具有相应的特点和适用场景。支持介质前文已有介绍，以下仅依据原理和操作方法不同进行归纳。

①根据电泳原理分类。电泳技术根据分离原理的差异，可主要分为区带电泳、移界电泳和等电点电泳，其原理和特点见表1-9。不同的电泳原理适用于不同特性的样品和研究目的。区带电泳凭借其高分辨率和操作简便性，成为生物化学领域分离蛋白质和核酸等生物大分子的常用方法；移界电泳因其快速处理大体积样品的能力，在环境科学等领域发挥着重要作用；等电点电泳由于其独特的分离机制，在生物制药行业蛋白质纯化领域展现不可替代的优势。

表 1-9　根据电泳原理分类

类型	原理	特点
区带电泳	基于颗粒的电荷和大小差异，在电场中形成不同迁移率的区带	分辨率高，操作简便，适用于常规分析
移界电泳	利用电解产生的离子移动推动样品区带迁移	适用于大体积样品的快速分离，但分辨率相对较低
等电点电泳	在 pH 值梯度介质中，根据物质的等电点差异进行分离	无需电解质，样品易回收，分离效果好

②根据操作方法分类。从操作方法的角度来看，电泳技术分为双向电泳、连续电泳、不连续电泳等(表1-10)。这些方法在操作流程和应用场景上各有侧重。

表 1-10　根据电泳操作方法分类

类型	原理	特点
双向电泳	将样品在两个相互垂直的方向上进行电泳分离，结合两种不同的分离原理，实现对复杂混合物中多种成分的高效分离	具有极高的分辨率和分离效率，能够分离复杂混合物中的多种成分
连续电泳	在均一电场中，基于带电颗粒的电荷和分子大小差异实现分离	使用连续的电泳介质和缓冲系统，电场强度和 pH 值保持恒定
不连续电泳	利用不同 pH 值和凝胶浓度创造的浓缩效应，使样品分子在电场中先浓缩后分离	兼具浓缩效应、电荷效应及分子筛效应，分辨率高

　　a. 双向电泳：通常先进行第一维上的等电点（isoelectric point，pI）电泳，再进行第二维上的 SDS-PAGE。在等电点电泳过程中，样品被加载到一个具有 pH 值梯度的凝胶上，当施加电场时，蛋白质会迁移至其等电点对应的 pH 值位置，样品中的蛋白质根据其等电点进行分离。在后续进行的 SDS-PAGE 过程中，经过等电点电泳分离后的蛋白质根据其分子质量进一步分离。与普通聚丙烯酰胺凝胶电泳相比，SDS-PAGE 先通过添加 SDS 使蛋白质变性并均匀带负电荷，然后在聚丙烯酰胺凝胶中根据分子质量进行分离。双向电泳因其极高的分辨率而广泛应用于蛋白质组学研究，用于分析细胞、组织或生物体内的蛋白质表达谱、蛋白质修饰以及蛋白质相互作用等。

　　b. 连续电泳：是指在电泳过程中，凝胶的浓度、缓冲液的离子强度和 pH 值保持恒定，样品在连续的电场中迁移，分离主要基于带电颗粒的电荷和分子大小差异。连续电泳因其具有简单的操作流程和适合大规模样品快速分离的特点，而适用于生物分子大规模生产纯化以及教学实验中的基础电泳分析。例如，DNA/RNA 的常规琼脂糖凝胶电泳和血清蛋白的乙酸纤维素薄膜电泳，都属于典型的连续电泳。

　　c. 不连续电泳：通常在聚丙烯酰胺凝胶电泳中实现。不连续系统中包含两种以上的缓冲液成分、pH 值和凝胶孔径，在电泳过程中形成的电位梯度也不均匀，除了产生电荷效应和分子筛效应，还兼具浓缩效应。不连续电泳的核心在于其精心设计的缓冲系统：电极缓冲液采用 Tris-甘氨酸体系（pH 值 8.3），在电泳过程中提供稳定的电场环境；浓缩胶缓冲液（Tris-HCl，pH 值 6.8）通过形成 pH 值梯度，使甘氨酸离子在浓缩胶中保持低迁移率，与快速迁移的氯离子形成速度差，从而将样品压缩成极窄的区带（即产生浓缩效应）；分离胶缓冲液（Tris-HCl，pH 值 8.8）则通过升高 pH 值使甘氨酸解离度增大，消除浓缩效应，使蛋白质在均一电场中按电荷及分子质量分离。这种独特的缓冲系统设计使不连续电泳具有远超连续电泳的分辨率。与缓冲系统相匹配的是低浓度（通常为 4%～5%）聚丙烯酰胺配制的浓缩胶与高浓度（如 8%～15%）聚丙烯酰胺配制的分离胶。前者具有较大的孔径，不影响各类分子的快速通过；后者则通过调节凝胶孔径实现分子筛的效果。不连续电泳依靠其高分辨率的优势，在核酸和蛋白质的精细结构分析以及生物样品中特定成分的高纯度分离中发挥着关键作用。

（2）电泳技术操作注意事项

①安全操作。具体要求如下：

　　a. 用电安全：确保电源装置接地良好，输出电压不超过电泳槽额定值；电泳过程中避免接触电极和缓冲液，防止触电；使用结束后立即关闭电源，拔出插头。

　　b. 化学品防护：丙烯酰胺单体具有神经毒性，配制凝胶时尽量选用预制胶液；若使用粉末状单体必须戴 N95 口罩和化学防护手套，并在通风橱配制胶液。丙烯酰胺聚合后无毒，凝胶及剩余胶液需聚合 24 h 后再丢弃。溴化乙锭（EB）等核酸染料应单独存放，使用时戴手套，废弃物须经专项降解处理。接触 SDS 粉末时须佩戴护目镜，以阻断因粉末扬尘造成的眼睛损伤；佩戴防尘口罩以防止吸入刺激呼吸道，尽量选用 SDS 预制液。

②清洁与保养。具体要求如下：

　　a. 日常维护：每次使用后，需对电泳槽和电极进行彻底清洗。清洗电泳槽时，先关闭电源，用去离子水或蒸馏水反复冲洗电泳槽内壁，直至无残留物。电极清洗可采用浸泡法或刷洗法，先于去离子水或乙醇溶液中浸泡 0.5~1.0 h，再用软布轻轻打磨去除表面氧化物，最后用去离子水冲洗。定期检查电泳仪器的各个部件，如电源、电极、导线等，确保其完好无损，发现问题应及时维修或更换。存放电泳仪时，应选择干燥、通风良好的环境，避免阳光直射。

　　b. 缓冲液管理：含 SDS 的缓冲液须现配现用；TAE 缓冲液可视情况重复使用 3~5 次；不同实验的缓冲液须分开存放。

第 2 章

生物分子的分离纯化与鉴定

实验 1 谷物蛋白质的提取与含量测定

【实验目的】

1. 了解谷物蛋白质含量测定的重要意义。
2. 掌握双缩脲法测定谷物蛋白质含量的原理与方法。
3. 加深对蛋白质分子结构与性质的理解。

【实验原理】

蛋白质是谷物种子中的一种重要贮藏物质，其含量是谷物营养成分分析、谷物加工、品质育种及品种资源鉴等方面的一项重要评价指标。

蛋白质含量的测定方法有多种，其中，双缩脲法是一种经典的蛋白质含量测定方法，具有操作简便、反应迅速、耗时少、几乎不受蛋白质性质影响等优点，常用来快速测定谷物蛋白质含量。

2 分子尿素在 180℃条件下，释放 1 分子氨，缩合形成 1 分子双缩脲。双缩脲分子含有 2 个酰胺键，其在浓碱液中能与 Cu^{2+} 结合，生成紫色或紫红色配合物，这一显色反应称为双缩脲反应(图 2-1)。

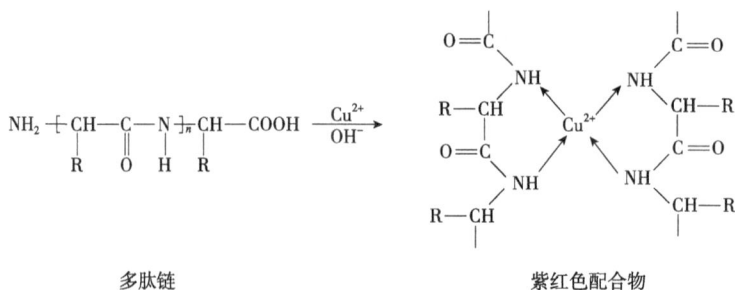

图 2-1 双缩脲反应

蛋白质分子含有多个肽键，也能发生双缩脲反应。在一定条件下，生成紫红色络合物的颜色深浅与蛋白质含量成正比，故可用来测定蛋白质含量。这种方法可测定含量范围为

1~10 mg/mL 蛋白质，适用于精度要求不高的蛋白质含量测定。

【实验准备】

（1）仪器用具

分光光度计，恒温水浴锅，电子天平，铜筛，具塞三角瓶，漏斗和漏斗架，小烧杯，移液管，干燥器等。

（2）材料与试剂

米粉、面粉或玉米粉，无水乙醇，碳酸铜，10%氢氧化钾溶液，酪蛋白(干酪素)等。

【实验步骤】

（1）绘制酪蛋白标准曲线

取 6 个干燥洁净的 100 mL 三角瓶，编号，根据表 2-1 依次加入各试剂。酪蛋白须在分析天平上准确称量，每次加入试剂后均须摇匀，手摇振荡 10 min，以免样品粘在瓶底。静置片刻，过滤到另一组相应编号的烧杯中。取适量滤液，在波长 540 nm 处比色(0.5 cm 光径比色皿)，读取吸光度(A)。以酪蛋白质量(单位：g)为横坐标、吸光度为纵坐标，绘制酪蛋白标准曲线，作为定量的依据。

表 2-1　蛋白质标准曲线各试剂加入量

编号	试剂				酪蛋白浓度/(g/mL)
	酪蛋白/g	碳酸铜/g	无水乙醇/mL	10%氢氧化钾溶液/mL	
空白	0	0.5	10	10	0
1	0.02	0.5	10	10	0.001
2	0.04	0.5	10	10	0.002
3	0.06	0.5	10	10	0.003
4	0.08	0.5	10	10	0.004
5	0.10	0.5	10	10	0.005

（2）材料制备

将米粉、面粉或玉米粉过 100 目铜筛。将过筛的样品置于 105℃烘箱中烘 15 min，破坏酶活力，然后置于 80℃烘箱中烘 2~3 h，取出在干燥器中冷却。

（3）样品测定

称取 0.5 g 样品，放入干燥的 100 mL 三角瓶中，依次加入 0.5 g 碳酸铜、10 mL 无水乙醇、10 mL 10%氢氧化钾溶液，盖上橡皮塞，手摇振荡 10 min，以免样品粘在瓶底。每次加入试剂时均须摇匀。静置片刻，过滤到干净的烧杯中。取适量的滤液，在波长 540 nm 处比色(0.5 cm 光径比色皿)，读取吸光度。

（4）结果计算

根据样品吸光度从标准曲线查得相应的蛋白质浓度，并按下列公式计算：

$$w = \frac{m_{标}}{m} \times 100\% \qquad (2\text{-}1)$$

式中，w 为样品蛋白质含量(%)；$m_{标}$ 为从标准曲线查得的相应蛋白质质量(g)；m 为样品质量(g)。

【思考题】

1. 简述本实验中无水乙醇、氢氧化钾及碳酸铜的作用。

2. 试分析无水乙醇与氢氧化钾两种试剂添加顺序对实验结果的影响。

3. 使用分光光度计时应注意哪些事项？

4. 归纳总结双缩脲反应所需条件。

实验 2　薄层层析法分离氨基酸

【实验目的】

1. 学习薄层层析的一般特点。

2. 掌握薄层层析的基本原理和方法。

3. 加深对氨基酸分子结构与性质的理解。

【实验原理】

薄层层析(thin layer chromatography，TLC)是在吸附层析基础上发展的一种层析方法，即先将吸附剂均匀铺在玻璃板上形成薄层，再将混合样品点到薄层板上，然后采用合适的展开剂将样品展开，从而达到分离和鉴定混合样品的目的。薄层层析具有以下优点：设备简单，操作方便，易于控制；展开时间短，能迅速将混合物进行分离；分离效果好，斑点比较集中，拖尾扩展现象容易控制，且分离时受温度影响较小；可以使用腐蚀性显色剂，如喷浓硫酸和浓盐酸；可将薄层加热至 300~600℃，以观察碳化斑点。因其具有快速、简易、灵敏度高等特点，已经广泛应用于氨基酸、多肽、核苷酸、脂质、糖类、生物碱等多种物质的分离和鉴定。

薄层层析利用吸附层析和分配层析将混合物分离，即根据吸附剂(硅胶 G)对混合物中不同组分(不同氨基酸)吸附能力的差异，以及不同组分(不同氨基酸)在两种不相溶的溶剂(如水与有机溶剂)中分配系数的不同，从而使各组分以不同速率移动(用比移值 R_f 表示)，从而实现多种物质分离。

【实验准备】

(1)仪器用具

离心机，电子天平，烘箱，吹风机，层析缸，乳钵，直尺，铅笔，量筒，滴管，烧杯，培养皿，点样毛细管，玻璃棒，玻璃板等。

(2)材料与试剂

萌发小麦种子，硅胶 G，95%乙醇溶液等。

标准氨基酸溶液(浓度为 0.01 mol/L，溶于 10%异丙醇)：第一组为亮氨酸、缬氨酸、丝氨酸；第二组为缬氨酸、谷氨酸、天冬酰胺。

展开剂：$V_{正丁醇} : V_{95\%乙醇溶液} : V_{冰醋酸} : V_{水} = 4 : 1 : 1 : 1$，含有 0.1%的茚三酮。

【实验步骤】

(1)提取氨基酸

称取 3~5 g 暗中(20℃)萌发 3 d 的小麦种子，放入乳钵中研碎，加入 5 mL 95%乙醇溶液，继续研磨提取 5 min，倒入离心管中离心 15 min(3 000 r/min)，上清液即为氨基酸提取液，用小滴管小心吸至干燥洁净的小瓶中备用。

(2)制备薄层板

称取 1 g 硅胶 G 放入乳钵，加入 3~4 mL 蒸馏水研磨约 1 min(视室温条件而定，室温高，研磨时间可短些；室温低，研磨时间可长些)。用玻璃棒(或乳钵棒)引流迅速倒在干净玻璃板的一端，稍微倾斜玻板，用玻璃棒引流，使硅胶 G 在玻璃板上铺开。采用轻敲振动法(在实验台面上以约 45°角轻敲玻璃板边缘)使硅胶 G 均匀铺展，然后置于桌面晾干，于 80℃ 烘箱中烘 20 min。使用前放入 105~110℃ 烘箱中活化 1 h，取出自然冷却。

(3)点样

薄层层析时由于常出现"边缘效应"，影响比移值，所以要预先用刀片将薄层板上的薄层左右两边刮掉 0.5 cm。采取图 2-2 所示位置进行点样。首先用一支点样毛细管吸取小麦种子提取液，分次滴于 B 点，风干后再滴，反复 6~10 次。注意：样点直径不能超过 5 mm。以同样操作将第一组、第二组标准氨基酸溶液分别于 A 点、C 点(6 次即可)。在操作过程中，手必须洗净，仅能接触薄层板上层边角，不能对着薄层板说讲话或呼气，以防唾液溅落板上。样品滴完后，将薄层板在室温下风干，以备展层。

(4)展层

将培养皿放入层析缸，调平，将 25 mL 展开剂通过漏斗倒入大培养皿中，盖上层析缸盖子 10 min(使层析缸内空气达到饱和状态)，开盖，小心放入薄层板(一个层析缸放 2 块薄板，2 块对放)，如图 2-3 所示。盖上盖子至展开剂到达距前沿约 10 cm 处时取出。

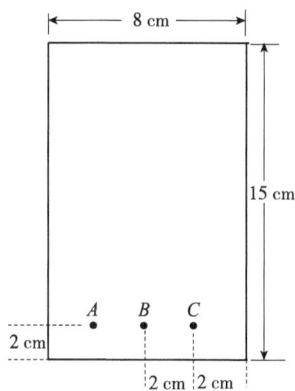

图 2-2　薄层层析点样示意　　**图 2-3　薄层层析装置**

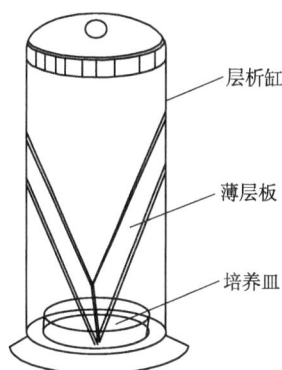

(5)显色

将取出的薄层板划出前沿位置，用吹风机冷风吹干，放入 60~65℃ 烘箱中显色 30 min，即可显示各种氨基酸的层析斑点。

【结果计算】

用直尺测量原点至溶剂前沿的距离，并测量原点至各色斑中心点的距离，代入式(2-2)，计算各色斑的比移值(R_f)。

$$R_f = \frac{d_1}{d_2} \tag{2-2}$$

式中，d_1 为原点(样品)至层析中心的距离；d_2 为原点至溶剂前沿的距离。

将已知标准氨基酸的比移值与小麦提取液中氨基酸的比移值进行比较，确定小麦提取液中含有的氨基酸种类。

【注意事项】

在一个实验系统中，必须采用同一批次、同一规格的吸附剂，颗粒大小在250~300目较为宜。颗粒过大或过小均影响分离效果。本实验采用的硅胶 G 粒度范围小于260目，最好过筛使用，否则，制板时要置于研钵中加水研磨。研磨时间及加水比例是影响薄层板制作质量的关键，研磨时间太短或加水过多，硅胶 G 吸水膨胀不足，薄层易裂，不易铺匀；研磨时间太长或加水过少，硅胶 G 倒在板上后很快凝固，也不易铺匀。制板时，因受硅胶 G 品质及温度影响较大，故搅拌时间以及加水量要通过预备试验确定。

配制展开剂时，要用纯溶液，现用现配，以免放置过久致其成分发生变化(酯化)。

硅胶薄层上标准氨基酸溶液的参考比移值见表 2-2。

表 2-2 标准氨基酸的参考比移值

氨基酸名称	$V_{丁醇}:V_{乙酸}:V_{水}=4:1:1$	$V_{氯仿}:V_{甲醇}:V_{17\%氨水}=2:2:1$
丙氨酸	0.22	0.50
γ-氨基丁酸	0.27	0.36
精氨酸	0.06	0.09
天冬酰胺	0.14	0.42
谷氨酸	0.24	0.34
甘氨酸	0.18	0.46
组氨酸	0.05	0.55
亮氨酸	0.44	0.70
赖氨酸	0.03	0.15
蛋氨酸	0.35	0.69
鸟氨酸	0.04	0.14
脯氨酸	0.14	0.42
苯丙氨酸	0.43	0.71
丝氨酸	0.18	0.41
色氨酸	0.47	0.69
缬氨酸	0.32	0.66
酪氨酸	0.41	0.62

【思考题】

1. 试比较分析薄层层析与纸层析的异同点。
2. 简述比移值的意义及其表示方法。
3. 指出本实验的固定相与流动相。
4. 什么是分配系数？说明不同组分的分配系数与迁移率的关系。

实验 3 谷物种子赖氨酸含量的测定

【实验目的】

1. 了解种子赖氨酸含量测定的重要意义。
2. 掌握茚三酮显色法测定赖氨酸含量的原理与方法。
3. 加深对氨基酸、蛋白质分子结构与性质的理解。

【实验原理】

赖氨酸是人体的必需氨基酸之一，也是多数谷物蛋白质的第一限制氨基酸。因此，谷物的赖氨酸含量成为品质育种、品种资源鉴定、加工及食品营养等方面的重要评价指标。

蛋白质中的赖氨酸具有 1 个游离的 ε-氨基(ε-NH_2)，可与茚三酮发生颜色反应，生成蓝紫色络合物(图 2-4)。在一定范围内，蓝紫色络合物的颜色深浅与蛋白质中赖氨酸的含量成正相关。因此，可先用已知浓度的游离氨基酸制作标准曲线，再通过在 530 nm 处的比色分析，即可测定样品中的赖氨酸含量。

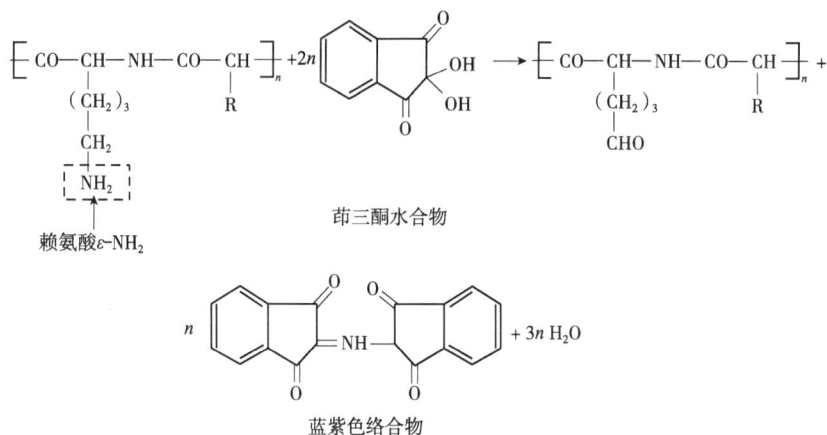

图 2-4 赖氨酸与茚三酮发生颜色反应

亮氨酸与赖氨酸所含碳原子数量相同，且仅有 1 个氨基(α-NH_2)，相当于蛋白质分子中赖氨酸残基上的 ε-氨基，所以，可用亮氨酸溶液作为标准进行比较。但由于赖氨酸与亮氨酸的分子质量不同(比值为 1.151 5)，因此，在以亮氨酸为标准来计算赖氨酸含量时，应乘以校正系数 1.151 5。

【实验准备】

(1)仪器用具

分光光度计，恒温水浴锅，电子天平，试管和试管架，漏斗和漏斗架，容量瓶，烧杯，刻度试管，移液管等。

(2)材料与试剂

米粉、面粉或玉米粉，50%和95%乙醇溶液，柠檬酸（$C_6H_8O_7 \cdot H_2O$），氢氧化钠，亮氨酸，0.02 mol/L 盐酸溶液，氯化亚锡结晶（$SnCl_2 \cdot H_2O$），茚三酮，蒸馏水等。

0.2 mol/L 柠檬酸钠缓冲液（pH 值 5.0）：称取 21.008 g 柠檬酸，溶于 200 mL 蒸馏水，加入 200 mL 1 mol/L 氢氧化钠溶液（称取 40 g 氢氧化钠溶于 1 000 mL 蒸馏水），用蒸馏水稀释至 500 mL。

茚三酮溶液：称取 400 mg 氯化亚锡结晶，溶于 250 mL 0.2 mol/L 柠檬钠缓冲液（pH 值 5.0），与 250 mL 含 10 g 茚三酮的 95%乙醇溶液混合而成。

【实验步骤】

(1)绘制亮氨酸标准曲线

称取 25 mg 亮氨酸，加入几滴 0.02 mol/L 盐酸溶液，待溶解后加入蒸馏水定容至 500 mL，即成浓度为 50 μg/mL 的亮氨酸原液。取 7 支试管，编号，按表 2-3 所列方法配制不同浓度的亮氨酸溶液。

表 2-3　不同浓度的亮氨酸溶液配制方法

试管编号	亮氨酸原液/mL	蒸馏水/mL	各管所含亮氨酸质量/μg	各管亮氨酸浓度/(μg/mL)
0	0	2	0	0
1	0.2	1.8	10	5
2	0.4	1.6	20	10
3	0.8	1.2	40	20
4	1.2	0.8	60	30
5	1.6	0.4	80	40
6	2.0	0	100	50

向各支试管分别加入 1.5 mL 茚三酮溶液，置于沸水浴中加热 10 min，冷却至室温，再分别加入 5 mL 50%乙醇溶液，摇匀后在波长 530 nm 处比色（1 cm 光径比色皿），测量吸光度（A）。以各管亮氨酸浓度（单位：μg/mL）为横坐标、吸光度为纵坐标，绘制标准曲线或列出回归方程，以此作为定量的依据。

(2)样品测定

称取 1 g 米粉、面粉或玉米粉装入 100 mL 容量瓶，加入蒸馏水定容。在室温下放置 20 min 后过滤。取 2 mL 滤液于 20 mL 刻度试管中，加入 1.5 mL 茚三酮溶液后摇匀，置于沸水浴中显色 10 min。取出刻度试管，冷却至室温，再加入 5 mL 50%乙醇溶液，混匀后在波长 530 nm 处比色（1 cm 光径比色皿），测量吸光度。

(3)结果计算

在亮氨酸标准曲线上查得相应的赖氨酸含量或用回归方程计算相应的赖氨酸含量，再按照式(2-3)计算样品的赖氨酸含量。

$$w = \frac{\rho_{标} \cdot V_1}{10^6 \cdot m} \times 100 \times 1.151\,5 \times 100\% \tag{2-3}$$

式中，w 为样品的赖氨酸含量(%)；$\rho_{标}$ 为从标准曲线查得的相应赖氨酸浓度(μg/mL)；V_1 为样品总体积(mL)；m 为样品质量(g)；10^6 和 100 为换算系数，无量纲；1.151 5 为校正系数，无量纲。

【思考题】

1. 简述谷物种子赖氨酸含量测定的意义。
2. 简述本实验操作过程的注意事项。
3. 本实验为何选择亮氨酸制作标准曲线?

实验 4　乙酸纤维素膜电泳分离蛋白质

【实验目的】

1. 了解电泳的一般原理，掌握乙酸纤维素膜电泳操作技术。
2. 测定人血清中各种蛋白质的相对百分含量。

【实验原理】

乙酸纤维素膜电泳(cellulose acetate film electrophoresis)以乙酸纤维素膜为支持物。乙酸纤维素膜是纤维素的乙酸酯，由纤维素的羟基经乙酰化而成。将它溶于丙酮等有机溶液，即可涂布成均一细密的微孔薄膜，厚度以 0.10~0.15 mm 为宜。太厚吸水性差，分离效果不好；太薄则膜片缺少应有的机械强度而易碎。目前，乙酸纤维素膜有市售产品，不同厂家生产的薄膜主要在乙酰化、厚度、孔径、网状结构等方面有所不同，但分离效果基本一致。

乙酸纤维素膜与滤纸相比较，有以下优点：

①对蛋白质样品吸附极少，无"拖尾"现象。染色后背景能完全脱色，各种蛋白质染色带分离清晰，因而提高了定量测量的精确性。

②快速省时。由于乙酸纤维素膜亲水性较滤纸小，薄膜中容纳的缓冲液也较少，电渗作用小，电泳时大部分电流由样品传导，所以分离速率快，电泳时间短，一般电泳 45~60 min 即可，加上染色、脱色，整个电泳完成仅需 90 min 左右。

③灵敏度高，样品用量少。血清蛋白电泳仅需 2 μL 血清，甚至加样量低至 0.1 μL，仅含 5 μg 蛋白的样品也可得到清晰的分离区带。临床医学检验利用这一特点，检测微量异种蛋白的变化。

④应用面广。某些蛋白在纸电泳上不易分离，如甲种胎儿球蛋白、溶菌酶、胰岛素、组蛋白等用乙酸纤维素膜电泳能较好地分离。

⑤乙酸纤维薄膜电泳染色后，经冰醋酸、乙醇混合液或其他溶液浸泡后可制成透明的干板，有利于扫描定量及长期保存。

由于乙酸纤维素膜电泳操作简单、快速、价廉，目前已广泛用于分析检测血浆蛋白、脂蛋白、糖蛋白、甲种胎儿球蛋白、体液、脊髓液、脱氢酶、多肽、核酸及其他生物大分子，为心血管疾病、肝硬化及某些癌症鉴别诊断提供了可靠的依据，因而成为医学和临床检验的常规技术。

本实验以乙酸纤维素膜为电泳支持物，分离各种血清蛋白。血清中含有清蛋白、α-球蛋白、β-球蛋白、γ-球蛋白和纤维原蛋白等。各种蛋白质由于氨基酸组分、立体构象、分子质量、等电点及形状不同，在电场中迁移速率不同（表2-4）。在相同碱性pH值缓冲体系中，分子质量小、等电点低、带负荷电荷多的蛋白质颗粒在电场中迁移速率快。例如，以乙酸纤维素膜为支持物，正常人血清在pH值8.6的缓冲体系中电泳1h左右，染色后可显示5条区带。清蛋白泳动最快，其余依次为α_1-球蛋白、α_2-球蛋白、β-球蛋白和γ-球蛋白（图2-5）。这些区带经洗脱后可通过分光光度法测定或直接进行光密度扫描并由系统自动生成吸收峰图谱及计算各组分相对百分含量。在临床诊断中，通过分析特定组分相对百分含量的异常变化或检测异常区带的出现，可为疾病鉴别诊断提供重要依据。该方法因具有操作简便、分析快速、分离分辨率高以及重复性好等显著优势，已成为临床检验不可或缺的分析技术。

表 2-4　人血清蛋白的等电点及迁移率

蛋白名称	等电点	迁移率/$[cm^2/(s \cdot V)]$	分子质量/u
清蛋白	4.88	-5.9×10^{-5}	69 000
α_1-球蛋白	5.06	-5.1×10^{-5}	200 000
α_2-球蛋白	5.06	-4.1×10^{-5}	300 000
β-球蛋白	5.12	-2.8×10^{-5}	9 000～15 000
γ-球蛋白	6.85～7.50	-1.0×10^{-5}	156 000～300 000
纤维原蛋白	5.40	-2.1×10^{-5}	339 700

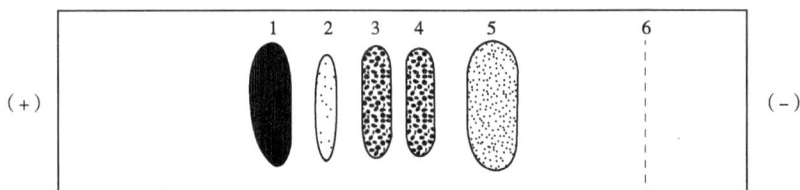

1.清蛋白；2.α_1-球蛋白；3.α_2-球蛋白；4.β-球蛋白；5.γ-球蛋白；6.点样原点。

图 2-5　人血清乙酸纤维素膜电泳示意

目前，乙酸纤维素膜电泳成为临床生化检验的常规操作之一，不仅可用于分离血清蛋白，还可用于分离脂蛋白、血红蛋白及同工酶。

【实验准备】

(1)仪器用具

电泳仪和电泳槽，吹风机，乙酸纤维素膜，解剖镊子，竹夹，点样器，单面刀片，直尺，铅笔，培养皿，玻璃板，玻璃棒或血色素吸管，试管和试管架，吸管，容量瓶，三角瓶，普通滤纸等。

(2)材料与试剂

动物血清，巴比妥，巴比妥钠，氨基黑10B，甲醇，95%乙醇溶液，无水乙醇，冰醋酸，蒸馏水等。

巴比妥—巴比妥钠缓冲液（pH 值 8.6，0.07 mol/L，离子强度 0.06）：称取 1.66 g 巴比妥和 12.76 g 巴比妥钠置于三角瓶中，加入约 600 mL 蒸馏水，稍加热溶解，冷却后用蒸馏水定容至 1 000 mL。置于 4℃冰箱保存备用。

血清蛋白染色液（0.5%氨基黑 10B）：称取 0.5 g 氨基黑 10B 置于三角瓶中，加入 40 mL 蒸馏水、50 mL 甲醇和 10 mL 冰醋酸，溶解混匀后置于棕试剂瓶内保存。

血清蛋白漂洗液：取 45 mL 95%乙醇溶液、5 mL 冰醋酸和 50 mL 蒸馏水，混匀置于具塞试剂瓶保存。

血清蛋白透明液：临用前配制。甲液：取 15 mL 冰醋酸，85 mL 无水乙醇，混匀置试剂瓶内，塞紧瓶塞，备用；乙液：取冰醋酸 25 mL，无水乙醇 75 mL，混匀置试剂瓶内，塞紧瓶塞备用。

血清蛋白保存液：液体石蜡。

血清蛋白定量洗脱液（0.4 mol/L 氢氧化钠溶液）：称取 16 g 氢氧化钠，用少量蒸馏水溶解后定容至 1 000 mL。

【实验步骤】

（1）薄膜与仪器的准备

①乙酸纤维素膜的润湿与选择。用竹夹取一片薄膜，小心置于盛有缓冲液的培养皿中，优质薄膜应在 15~30 s 内迅速均匀润湿，且整片色泽一致；若出现润湿缓慢，色泽不均或存在条纹、斑点等，表明薄膜薄厚不均，应予以弃用。将筛选合格的薄膜用竹夹轻压，使其完全浸入缓冲液中，约 30 min 后方可用于电泳。

②电泳槽的准备。根据电泳槽膜支架的宽度，剪裁尺寸合适的滤纸条。向两个电极槽各倒入等体积的电极缓冲液，在电泳槽的两个膜支架上各放两层滤纸条，使滤纸一端的长边与支架前沿对齐，另一端浸入电极缓冲液。当滤纸全部润湿后，用玻璃棒轻轻挤压膜支架上的滤纸以驱赶气泡，使滤纸的一端紧贴在膜支架上。滤纸条是两个电极槽联系乙酸纤维素膜的桥梁，因而称为滤纸桥。

③电极槽的平衡。用平衡装置或自制平衡管连接两个电泳槽，使两个电极槽内的缓冲液处于同一水平，一般需平衡 15~20 min。注意：取出平衡装置时应将活塞旋紧。

（2）点样

用竹夹取出浸透的薄膜，夹在两层滤纸间以吸去多余的缓冲液。无光泽面向上平放在点样模板上，使其底边与模板底边对齐。点样区位于距负极端 1.5 cm 处。点样时，先用玻璃棒或血色素吸管取 2~3 μL 血清，均匀涂在点样器上，再将点样器轻轻印在点样区内，如图 2-6 所示，使血清完全渗入薄膜，形成一定宽度、粗细均匀的直线。此步骤是本实验的关键操作，点样前应在滤纸上反复练习，掌握点样技术后再正式点样。

（3）电泳

用竹夹将点样端的薄膜平贴在负极电泳槽支架的滤纸桥上（点样面朝下），另一端平贴在正极端支架上，如图 2-7 所示，要求薄膜紧贴滤纸桥并绷直，中间不能下垂。如一电泳槽中同时安放几张薄膜，则薄膜之间应相隔几毫米。盖上电泳槽盖，使薄膜平衡 10 min。

用导线将电泳槽的正、负极与电泳仪的正、负极分别连接，注意不要接错。打开电源

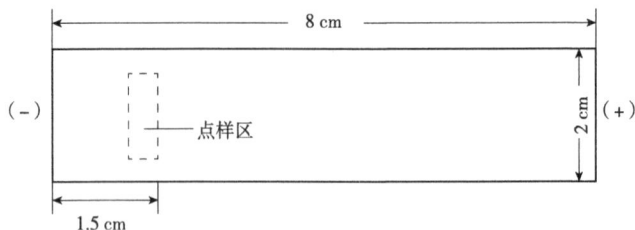

图 2-6 乙酸纤维素膜的规格及点样位置示意

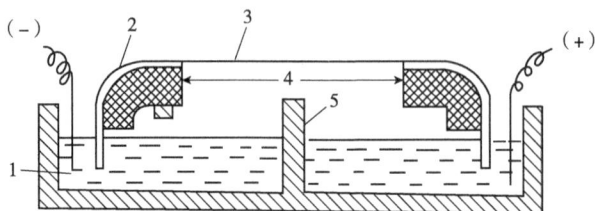

1.电泳槽；2.滤纸桥；3.乙酸纤维素膜；4.电泳槽膜支架；5.电极室中央隔板。

图 2-7 电泳装置剖面示意

开关，在室温下电泳，将电泳仪上细调节旋钮调至每厘米膜宽电流为 0.3 mA(8 片薄膜则为 4.8 mA)。通电 10~15 min 后将电流调节至每厘米膜宽电流为 0.5 mA(8 片共 8 mA)，电泳时间为 50~80 min。电泳后调节旋钮使电流为零，关闭电泳仪，断开电源。

(4) 染色与漂洗

电泳完毕，关闭电源，立即取出薄膜，直接浸入染色液中染色 5 min，然后用漂洗液漂洗，每隔 10 min 左右更换漂洗液，连续 3 次，使背景色脱去，夹在滤纸中吸干。

(5) 结果判断

一般经过漂洗后，薄膜可呈现清晰的 5 条带(图 2-8)，从正极端起，依次为清蛋白、α_1-球蛋白、α_2-球蛋白、β-球蛋白和 γ-球蛋白。

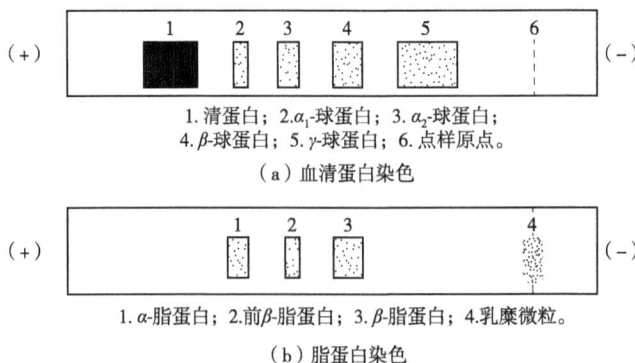

1.清蛋白；2.α_1-球蛋白；3.α_2-球蛋白；
4.β-球蛋白；5.γ-球蛋白；6.点样原点。

(a) 血清蛋白染色

1.α-脂蛋白；2.前β-脂蛋白；3.β-脂蛋白；4.乳糜微粒。

(b) 脂蛋白染色

图 2-8 血清蛋白与脂蛋白乙酸纤维素膜电泳图谱比较

(6) 透明

将经脱色并干燥的薄膜完全浸入透明甲液中处理 2 min 后，立即转移至透明乙液继续浸泡 1 min。取出后，迅速将薄膜平整贴附于洁净玻璃板上，确保膜面与玻璃之间无气泡残留。静置 2~3 min 待薄膜完全透明化(若透明化进程缓慢,可用滴管取适量透明乙液均匀淋洗膜面,随后垂直放置自然干燥或采用冷风干燥至无酸味挥发)。随后将载膜玻璃板置于流动自来水下冲洗,待薄膜充分润湿后,用单面刀片轻柔撬起膜片一角,缓慢揭取透明薄膜。用滤纸吸除表面水分后,将薄膜浸入液体石蜡中处理 3 min,最后以滤纸吸除多余石蜡并压平保存。经此处理后的薄膜不仅保持高度透明性,且电泳区带着色鲜明,既可直接用于光吸收扫描分析,又能长期保存而不褪色。

【注意事项】

(1)乙酸纤维素膜的预处理

市售乙酸纤维素膜均为干膜片,薄膜的浸润与选膜是电泳成败的关键之一。将干膜片漂浮于电极缓冲液表面,观察其浸润特性,如漂浮 10~30 s 时膜片吸水不均匀,有白色斑点或条纹,表示膜片薄厚不均,应弃去不用,以免造成电泳后区带扭曲,界限不清,背景脱色困难,结果难以重复。由于乙酸纤维素膜亲水性比纸弱,浸泡 30 min 以上的目的是保证膜片上有一定量的缓冲液,并使其恢复多孔的网状结构。最好使漂浮的薄膜吸满缓冲液后自然下沉,这样可将膜片上聚集的小气泡赶走。点样时,应将膜片表面多余的缓冲液用滤纸吸去,以免缓冲液过多引起样品扩散。但也不能完全吸去,太干则样品不易进入薄膜的网孔,而造成电泳起始点参差不齐,影响分离效果。吸水量以不干不湿为宜。为防止指纹污染,取膜时应戴指套或用夹子。

(2)缓冲液的选择

乙酸纤维素膜电泳常选用 pH 值为 8.6 巴比妥—巴比妥钠缓冲液,其浓度为 0.05~0.09 mol/L。选择何种浓度与样品及薄膜的厚度有关。在选择时,先初步定下某一浓度,如电泳槽两极之间膜的长度为 8~10 cm,则需电压为 25 V/cm 膜长,电流为 0.4~0.5 mA/cm 膜宽。当电泳未达或超过这个值时,则应提高缓冲液浓度或进行稀释。缓冲液浓度过低,则区带泳动速率快,并由于扩散效应增加条带宽度;缓冲液浓度过高,则区带泳动速率慢,区带分布过于集中,不易分辨。

(3)加样量

加样量与电泳条件、样品性质、染色方法与检测手段灵敏度密切相关。确定加样量的一般原则:检测方法越灵敏,加样量越少,对分离更有利。如加样量过大,则电泳后区带分离不清晰,甚至互相干扰,染色也较费时。若采用洗脱法定量,电泳时每条加样线需上样 5~10 μL,相当于 500~1 000 μg 的蛋白质量;血清蛋白常规电泳分离时,每厘米加样线加样量不超过 1 μL,相当于 60~80 μg 的蛋白质量。但糖蛋白和脂蛋白电泳时,加样量应多些。对每种样品加样量均应先做预实验加以选择。

加样质量是获得理想图谱的重要环节之一,加样时动作应轻、稳,用力不能太重,以免将薄膜弄破或印出凹陷,影响电泳区带分离效果。

(4)电流的选择

电泳过程应选择合适的电流,一般电流为 0.4~0.5 mA/cm 宽膜为宜。电流过高,则热效应明显,尤其在温度较高的环境中,可引起蛋白变性或缓冲液水分蒸发,使缓冲液浓度升高,造成膜片干燥;电流过低,则样品泳动速率慢且易扩散。

(5)染色液的选择

乙酸纤维素膜电泳后染色应根据样品特点选择染色液。选择原则：染料应对被分离样品有较强的着色力，背景易脱色；应尽量采用水溶性染料，不宜选择醇溶性染料，以免引起乙酸纤维素膜溶解。

(6)控制染色时间

染色时间过长，薄膜底色深，不易脱去；时间过短，着色浅，不易区分，或造成条带染色不均，必要时可进行复染。

(7)透明及保存

透明液应现用现配，以免冰醋酸及乙醇挥发影响透明效果。这些试剂最好选用分析纯。透明前，薄膜应完全干燥。透明时间应掌握好，如在透明乙液中浸泡时间过长，则薄膜溶解；浸泡时间过短，则透明度不佳。

透明后的薄膜完全干燥后才能浸入液体石蜡，使薄膜软化。若薄膜残留水分，则液体石蜡不易浸入，薄膜不易展平。

【思考题】

1. 根据血清蛋白各组分的等电点，如何判断它们在 pH 值为 8.6 的巴比妥—巴比妥钠缓冲液中移动的相对位置？

2. 简述乙酸纤维素膜电泳的原理及特点。

实验 5　聚丙烯酰胺凝胶盘状电泳分离过氧化物同工酶

【实验目的】

1. 了解同工酶研究的重要意义。

2. 掌握聚丙烯酰胺凝胶盘状电泳的原理与方法。

3. 加深对酶(蛋白质)分子理化性质的理解。

【实验原理】

同工酶是指能催化相同化学反应，但分子结构、组成等不同的一类酶。它们是不同酶基因表达的产物，参与植物的代谢过程、生长发育及与环境互作等生命活动。随着植物生长发育期、生存环境等条件的改变，同工酶谱会出现特定的变化，因此，可通过测定同工酶谱的差异情况，揭示植物体内生理代谢状态、环境适应性、遗传多样性等特性。

聚丙烯酰胺凝胶是由丙烯酰胺单体和交联剂甲叉双丙烯酰胺在催化剂(过硫酸铵+四甲基乙烯二胺)作用下聚合而成的多孔介质，其孔径大小可由凝胶浓度和交联度加以调节。在由浓缩胶和分离胶组成的不连续凝胶体系中，基于浓缩效应、电荷效应和分子筛效应，同工酶分子产生不同迁移率而彼此分离，后经活性染色而展现特定酶谱。

过氧化物酶(peroxidase，POD)是植物体内常见的氧化酶，其活力和同工酶种类与植物体内许多生理代谢过程有关。过氧化物酶催化过氧化氢(H_2O_2)分解释放氧气后，可与联苯胺反应生成棕褐色产物。当把凝胶柱置于染色液(含过氧化氢及联苯胺)中，出现棕褐色谱带的部位即为过氧化物酶同工酶条带的位置。

【实验准备】

(1)仪器用具

离心机，电泳仪及花篮式电泳槽，扭力天平，微量进样器，长针头注射器，电泳玻管，乳钵，移液管，小滴管，洗耳球、培养皿等。

(2)材料与试剂

新鲜植物样品(水稻或小麦幼苗)，1 mol/L 盐酸溶液，三羟甲基氨基甲烷(Tris)，四甲基乙烯二胺(TEMED)，丙烯酰胺，N,N'-甲叉双丙烯酰胺，过硫酸铵，1 mol/L 磷酸溶液，30%双氧水(H_2O_2)，蔗糖，甘氨酸，溴酚蓝，冰醋酸，蒸馏水等。

1 号液：取 24 mL 1 mol/L 盐酸溶液，加入 18.2 g 三羟甲基氨基甲烷，再加入 0.23 mL 四甲基乙烯二胺，用蒸馏水稀释至 100 mL，调节 pH 值至 8.9。

2 号液：称取 30 g 丙烯酰胺溶于 50 mL 蒸馏水，再加入 0.8 g N,N'-甲叉双丙烯酰胺，待溶解后用蒸馏水稀释至 100 mL。

3 号液：称取 1 g 过硫酸铵溶于 10 mL 蒸馏水(当天配制)。

4 号液：向 25.5 mL 1 mol/L 磷酸溶液中加入 5.7 g 三羟甲基氨基甲烷和 0.46 mL 四甲基乙烯二胺，再用蒸馏水稀释至 100 mL。

5 号液：称取 10 g 丙烯酰胺溶于 50 mL 蒸馏水，再加入 2.5 g N,N'-甲叉双丙烯酰胺，待溶解后加入蒸馏水定容至 100 mL。

染色液：称取 0.2 g 联苯胺溶于 1.8 mL 预热的冰醋酸(60~70℃)，先加入 7.2 mL 蒸馏水，再加入 0.5 mL 30%双氧水和 189 mL 蒸馏水。

50%蔗糖溶液：称取 50 g 蔗糖溶于 100 mL 蒸馏水，充分溶解，混匀。

电极缓冲液：称取 0.6 g 三羟甲基氨基甲烷和 2.9 g 甘氨酸，溶于 1 000 mL 蒸馏水，即得为 pH 值为 8.3 的溶液。

指示染料(0.1%溴酚蓝溶液)：称取 50 mg 溴酚蓝溶于 50 mL 蒸馏水。注意：先用乙醇溶解，再加蒸馏水。

上述试剂均保存于棕色试剂瓶并置于 4℃ 冰箱保存备用。

【实验步骤】

(1)样品的制备

称取 0.5 g 小麦或水稻幼苗的叶片或根，放入蒸馏水中冲洗，滤纸吸干，剪碎，放入预先在冰箱中冷冻的研钵中。加入 1 mL 蒸馏水和 2 mL 50%蔗糖溶液，将材料研磨匀浆后转入离心管，3 000~3 500 r/min 离心 9~15 min，上清液即为过氧化物酶液，置于 4℃ 冰箱保存备用。

(2)凝胶柱的制备

①分离胶的制备。在胶柱管架上插入 12 支电泳玻管。将凝胶溶液从冰箱中取出，取 7.5 mL 1 号液、7.5 mL 2 号液、0.3 mL 3 号液、14.7 mL 蒸馏水，混合即成分离胶液。如有气泡，可抽气排出。灌装 12 支电泳玻管约需 20 mL 分离胶液。用小滴管将分离胶液缓缓加入电泳玻管，边加边用长针戳，以排出管底气泡，加入分离胶液至高 6.5~7.0 cm(玻管的 2/3 高度)；立即用滴管在分离胶上加 3~5 cm 高的蒸馏水层，沿管壁缓缓流下，勿呈

水滴状落入胶液，勿留气泡；静置 30 min，使分离胶聚合，胶面与水层出现明显界限。

②浓缩胶的制备。取 1 mL 4 号液、2 mL 5 号液、0.1 mL 3 号液、5.1 mL 蒸馏水，混合即成浓缩胶液。用小滴管将分离胶面的水层吸出，用滤纸条吸去残留的液体（滤纸不要接触胶面）。将 6 滴浓缩胶液缓缓加注于分离胶表面，高约 1 cm，表面仍覆盖水层，以压平凹面。聚合 5~10 h，浓缩胶变为乳白色表示聚合完成。

（3）电泳

用小滴管吸出玻管上部的水层，从固定塞中小心拔出玻管（一边旋转一边拔，以免将管底的胶拔掉），将拔出的玻管插入电泳槽的空穴内。向电泳槽下槽注入电极缓冲液（约 500 mL），将电泳玻管小心放入下槽溶液中（不要留有气泡，如有气泡要用手指轻弹玻管以排除气泡），如图 2-9 所示。

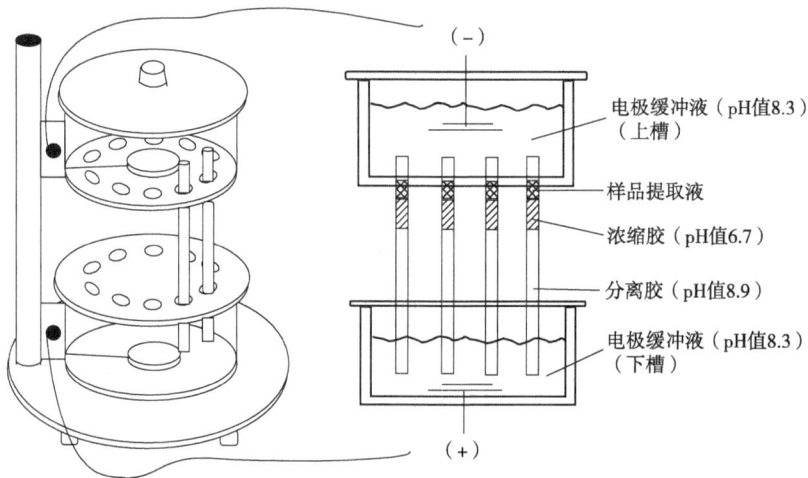

图 2-9　聚丙烯酰胺凝胶盘状电泳装置及剖面示意

在浓缩胶柱上加 50~100 μL 样品提取液，然后再加 1 滴 50% 蔗糖溶液，防止样品扩散。上槽也加入约 500 mL 电极缓冲液（盖过玻管 1 cm，加 2 滴 0.1% 溴酚蓝溶液，指示前沿）。插上电极，负极在上，正极在下，接通电源，调节电流，开始时用每管 1 mA，当溴酚蓝到达下层胶时，加大电流使每管 2~3 mA。电泳 2~3 h 后，溴酚蓝线前沿距玻管下口 2~3 cm 时，关闭电源，取出玻管。用带长针头的注射器吸取蒸馏水。将针头紧靠玻管内壁，沿管壁一边注水，一边转动玻管，使胶柱与管壁分离，缓缓取出针头，然后用洗耳球打气挤压胶柱，使胶柱从玻管中取出。

（4）过氧化物酶的定位

取出的胶柱放入盛有染色液的培养皿中，染色 1~5 min。缓慢倒出染色液，用蒸馏水漂洗数次，可以观察到过氧化物酶带由蓝色逐渐变为棕色。在装有胶柱的培养皿下垫一张白纸后进行观察，在记录本上按比例记录凝胶柱呈现的酶谱条数、宽度及相对的颜色深度，进行分析比较，也可计算比移值（R_f）或拍照后进行分析。

【思考题】

1. 简述聚丙烯酰胺凝胶电泳分离同工酶的原理。

2. 简述实验过程中溴酚蓝、过硫酸铵和蔗糖 3 种试剂的作用。

3. 试述聚丙烯酰胺凝胶电泳的操作步骤及注意事项。

4. 试述本实验检测同工酶电泳谱带的理论依据。

实验 6　GST 融合蛋白的亲和纯化

【实验目的】

1. 掌握 GST 重组蛋白的亲和纯化方法。

2. 了解 GST 重组蛋白的基因表达原理和步骤。

3. 学习利用 SDS-PAGE 和 Western blot 等方法对纯化的重组蛋白进行检测。

【实验原理】

GST 是谷胱甘肽 S-转移酶的简称，是蛋白纯化方法中常用的一种标签蛋白。GST 的分子质量约 26 ku，可融合在目标蛋白的 N 端或 C 端，通常用于大肠杆菌的融合蛋白表达系统。GST 标签具有以下优点：适用范围广，可在不同的宿主(如大肠杆菌和酵母)中表达；增强融合蛋白的可溶性和增加表达量；可很好地保留融合蛋白的抗原性和生物活性，有助于保护融合蛋白免受胞外蛋白酶的降解并提高稳定性。基于以上优点，GST 标签已广泛应用于蛋白表达、纯化、鉴定、相互作用和功能分析等多方面的研究。

pGEX-4T-1 载体是一种环状 DNA 质粒载体，是一种适用于大肠杆菌表达系统的诱导型蛋白表达载体。pGEX-4T-1 载体含有氨苄西林(又称氨苄青霉素)抗性(Amp+)、Tac 启动子(Tac promoter)、GST 标签序列、Laclq 启动子(Laclq prmoter)、阻遏蛋白基因 *Lac1* 等元件。其中，Tac 启动子是一种强启动子，可以激活其下游基因(例如，GST 与 DcADH 的融合蛋白 GST-DcADH)的转录表达(图2-10)。在未加入诱导剂时，组成型表达的 Lac1 蛋白会与质粒中 Lac 操纵子(Lac operator)DNA 序列结合，从而阻碍 Tac 启动子的转录激活功能，此时下游的 GST 基因不能表达；当加入 IPTG(异丙基硫代半乳糖苷，isopropyl β-D-thiogalactoside)等诱导剂后，IPTG 通过与 Lac1 蛋白结合，使 Lac1 蛋白的构象发生变化，解除 Lac1 蛋白与

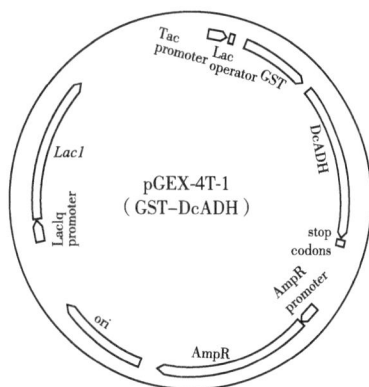

图 2-10　pGEX-4T-1-DcADH 重组质粒的序列元件示意

Lac 操纵子 DNA 序列的结合，从而释放 Tac 启动子对下游基因转录表达的激活作用。IPTG 是一种作用极强的诱导剂，十分稳定，不被细菌代谢分解。

【实验准备】

(1)仪器用具

摇床，金属浴，恒温培养箱，立式压力蒸汽灭菌锅，超净工作台，紫外—可见光分光光度计，制冰机，低温离心机，涡旋混匀器，超声波细胞粉碎机，酶标仪，拼插式磁力

架，微孔过滤器，离心管，锥形瓶，移液器和枪头，培养皿，比色皿，垂直电泳槽等。

（2）材料与试剂

大肠杆菌 DE3 感受态，GST 融合蛋白纯化磁珠，溶菌酶，蛋白 Marker（Trans，DM131-01），考马斯亮蓝 G-250，胰蛋白胨，酵母提取物，琼脂粉，氯化钠，去离子水，氨苄西林钠盐（Amp$^+$抗生素），氯霉素（Cl$^+$抗生素），异丙基硫代-β-D-半乳糖苷（IPTG），冰醋酸，无水乙醇，三羟甲基氨基甲烷（Tris），丙烯酰胺，N,N'-亚甲基双丙烯酰胺（Bis），十二烷基硫酸钠（SDS），甘油，溴酚蓝，无菌水等。

LB 液体培养基：称取 10 g 胰蛋白胨、5 g 酵母提取物和 10 g 氯化钠，在磁力搅拌器上加入少量去离子水搅拌溶解后定容至 1 000 mL，量取 90 mL 分装至 100 mL 蓝盖瓶用于培养大肠杆菌，盖紧瓶盖；量取 300 mL 分装至 500 mL 锥形瓶用于诱导大肠杆菌表达，用锡纸封口，121℃ 高压蒸汽灭菌 20 min，量取出培养基，待冷却后在超净工作台上使用。

LB 固体培养基：称取 10 g 胰蛋白胨、5 g 酵母提取物、10 g 氯化钠和 10 g 琼脂粉，加入去离子水定容至 1 000 mL。量取 300 mL 分装至 500 mL 锥形瓶，用锡纸封口，121℃ 高压蒸汽灭菌 20 min，灭菌后移至超净工作台，待冷却至 60℃ 以下后按照比例加入一定体积的抗生素母液，摇晃均匀，将培养基倒入无菌培养皿，冷却凝固后即可使用。

100 mg/mL 氨苄西林母液：称取 1 g 氨苄西林钠盐溶于 10 mL 无菌水。用 0.22 μm 微孔过滤器过滤除菌，分装至 2 mL 无菌离心管，从而获得 100 mg/mL 的氨苄西林母液，置于-20℃ 冰箱保存。常以 1∶1 000 比例稀释（终浓度 100 μg/mL）后添加于大肠杆菌 LB 培养基。

25 mg/L 氯霉素母液：称取 250 mg 氯霉素溶于 10 mL 的无水乙醇。分装后置于-20℃ 冰箱避光保存。常以 1∶1 000 比例稀释（终浓度 25 μg/mL）添加于大肠杆菌 LB 液体培养基。

1 mol/L IPTG 母液：称取 1.19 g IPTG，用无菌水溶解后定容至 5 mL，然后用 0.22 μm 微孔过滤器过滤除菌，分装至 1.5 mL 离心管，置于-20℃ 冰箱保存。

Buffer A 和 Buffer B：分别称取 6.06 g 三羟甲基氨基甲烷和 8.77 g 氯化钠，加入去离子水 800 mL，充分搅拌至完全溶解，用浓盐酸调节 pH 值至 7.4（Buffer A）或 8.0（Buffer B），继续加入去离子水定容至 1 000 mL。

Buffer A Lysis：量取 20 mL Buffer A，加入 40 μL 0.5 mol/L EDTA、20 μL Triton X-100，混合均匀。

Buffer A Washing：量取 20 mL Buffer A，加入 40 μL 0.5 mol/L EDTA。

Buffer B GSH：量取 10 mL Buffer B，加入还原型谷胱甘肽 GSH 0.046 g，混合均匀。GSH 易降解，应现配现用。

考马斯亮蓝染液：称取 1 g 考马斯亮蓝 R-250，先加入 40 mL 冰醋酸和 180 mL 甲醇，再加入去离子水定容至 400 mL。

脱色液：量取 50 mL 冰醋酸、150 mL 无水乙醇，加入去离子水定容至 400 mL。

1.5 mol/L Tris-HCl 溶液（pH 值 8.8）：称取 45.4 g 三羟甲基氨基甲烷，加入去离子水定容至 250 mL，用浓盐酸调节 pH 值至 8.8。

1 mol/L Tris-HCl 溶液（pH 值 6.8）：称取 30.3 g 三羟甲基氨基甲烷，加入去离子水定容至 250 mL，用浓盐酸调节 pH 值至 6.8。

30% Acry-Bis 溶液（29∶1）：称取 145 g 丙烯酰胺、5 g N,N'-亚甲基双丙烯酰胺，加入

去离子水定容至 500 mL，置于 4℃冰箱长期保存。

5×SDS-PAGE 上样缓冲液：量取 6 mL 1 mol/L Tris-HCl(pH 值 6.8)、4 mL 甘油，称取 1.2 mg 溴酚蓝充分混匀，每管 1 mL 分装，置于−20℃冰箱保存。

10% SDS 溶液：称取 40 g 十二烷基硫酸钠加入去离子水定容至 400 mL。

10×Lumini Buffer：称取 15.1 g 三羟甲基氨基甲烷、94 g 甘氨酸加入去离子水定容至 1 000 mL，用 Tris 粉末或浓盐酸调节 pH 值至 8.8，高温灭菌后室温保存小于 2 个月。

SDS-Page-Running Buffer：量取 100 mL 10×Lumini Buffer，加入 50 mL 10% SDS 溶液，加入去离子水定容至 1 000 mL。

【实验步骤】

GST 融合蛋白的亲和纯化是基于 GST 融合蛋白的大肠杆菌表达系统，利用 GST 融合蛋白能通过硫键与谷胱甘肽(GSH)共价亲和结合的特性，通过 GSH 亲和结合和交换洗脱，对 GST 融合蛋白(如 GST-DcADH)进行纯化的方法，主要步骤如下(图 2-11)：

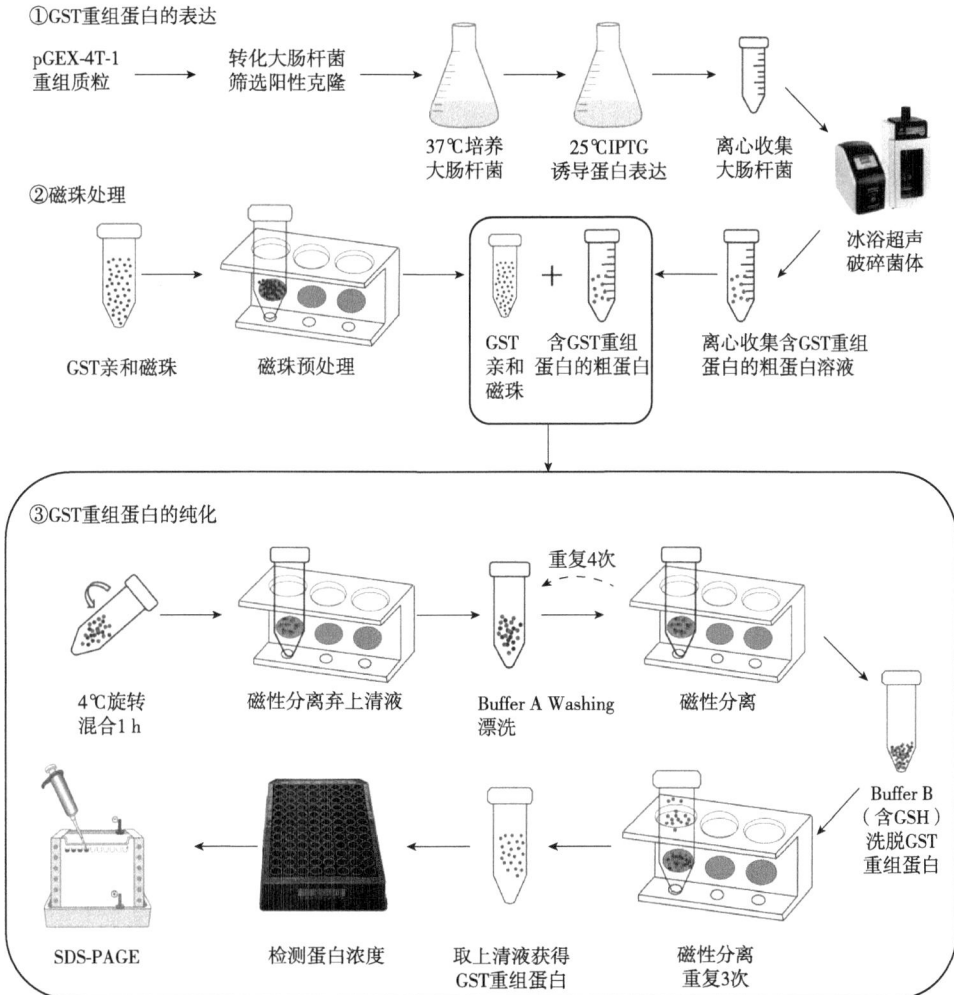

图 2-11 GST 融合蛋白的亲和纯化的主要步骤

(1) 质粒 DNA 的提取

①扩繁培养含有 pGEX-4T-1-DcADH 重组质粒的大肠杆菌。取 50 mL 无菌离心管，在管中加入 20 mL LB 液体培养基(含 100 μg/mL Amp⁺，因为 pGEX-4T-1 载体质粒带有 Amp 抗性)，接种 10 μL 含有 pGEX-4T-1-DcADH 质粒的大肠杆菌(其表达带有 GST 标签蛋白的融合蛋白 GST-DcADH)，混匀后置于摇床中，37℃，220 r/min 培养 13 h。

②菌种保存与质粒 DNA 提取。在超净工作台，取 600 μL 菌液至 2 mL 无菌离心管，加 400 μL 60% 无菌甘油，颠倒混匀后置于 -80℃ 冰箱保存。剩余的大肠杆菌菌液使用质粒提取试剂盒提取质粒。

③检测质粒 DNA 浓度。以溶解质粒 DNA 的无菌去离子水作为空白对照，使用紫外—可见光分光光度计检测质粒 DNA 浓度后，将质粒 DNA 溶液置于 -20℃ 冰箱保存待用。

(2) 转化大肠杆菌 DE3 感受态细胞

转化是指质粒 DNA 或以它为载体构建的重组子导入细菌的过程。质粒 DNA 转化大肠杆菌 DE3 感受态细胞的过程如下：

①混匀。将大肠杆菌 DE3 感受态细胞(自带 Cl⁺ 抗性)从 -80℃ 冰箱取出，置于冰上待其完全融化；取 1.5 mL 无菌离心管，先向管中加入 50 μL 大肠杆菌 DE3 感受态细胞，再加入 2 μL pGEX-4T-1-DcADH 质粒，轻轻弹动，使感受态细胞与质粒充分接触。

②冰上静置。在将装有大肠杆菌 DE3 感受态细胞和质粒 DNA 的混合物的离心管置于冰上静置 30 min，在此过程中，质粒 DNA 形成不易被 DNA 酶所降解的羟基—钙磷酸复合物，此复合物会黏附到大肠杆菌 DE3 感受态细胞的表面。

③热激转化。将附着质粒 DNA 的感受态细胞，缓慢转移至 42℃ 金属浴中，热激 1 min，从而刺激感受态细胞对质粒 DNA 的吸收。

④复苏培养。将完成转化的感受态细胞再次轻缓转移至冰上静置 5 min，然后转移至超净工作台，加入 700 μL LB 液体培养基(无抗生素)，置于 37℃ 摇床 220 r/min 孵育 1 h，使大肠杆菌 DE3 感受态细胞恢复正常生长状态，并开始表达抗性基因。

⑤筛选阳性克隆。复苏培养 1 h 后，5 000 r/min 离心 1 min，得到菌体沉淀，转移至超净工作台，弃大部分的上清 LB，留菌体沉淀和 100 μL 上清 LB，吸打混匀后，用吸头吸取均匀滴加到抗性培养基(含 100 μg/mL Amp⁺ 抗生素和 25 μg/mL Cl⁺ 抗生素的 LB 固体培养基)平板上，并用枪头倾斜涂划均匀。抗性培养基平板在超净工作台中开风晾干后，盖上皿盖，用封口膜封口，置于 37℃ 恒温培养箱倒置培养 12~24 h。只有转化成功的含有重组质粒的大肠杆菌细胞，才能在抗性培养基上长出阳性克隆。

(3) 融合蛋白的诱导表达

①大肠杆菌培养。对在抗性培养基上长出的阳性克隆，挑单菌落，进一步摇菌培养。在超净工作台中使用 10 mL 无菌离心管摇菌，用吸头划取至少 3 个单菌落至 5 mL LB 液体培养基，加入 5 μL Amp⁺ 和 5 μL 氯霉素 Cl⁺，盖子拧紧后摇晃均匀，置于 37℃ 摇床 220 r/min 孵育 2 h，待菌液 OD_{600} = 0.4~0.6 时，将菌液转移至 300 mL LB 液体培养基中继续扩大培养。

②锥形瓶大量培养大肠杆菌。向 500 mL 锥形瓶中加入 300 mL LB 液体培养基，高压蒸汽灭菌。在超净台中加入 300 μL Amp⁺ 和 300 μL 氯霉素 Cl⁺，摇晃均匀，取 2 mL 加至该 LB 液体培养基中，置于 37℃ 摇床 220 r/min 培养 4~5 h，以空白无菌 LB 液体培养基作为

空白对照，期间每隔 1 h 取 1 mL 菌液测 OD_{600} 值。待菌液 OD_{600} = 0.5~0.7 时，停止摇床培养。取 600 μL 菌液与 400 μL 60% 无菌甘油混合，置于 −80℃ 冰箱中保存。

③重组融合蛋白的诱导表达。将菌液置于冰上降温后转移至超净工作台，加入 150 μL IPTG(1 mol/L，1∶2 000)，置于 25℃ 摇床 180 r/min 培养 12~13 h。

④离心获得菌体。4℃ 3 800 r/min 离心 15 min，弃上清液，每个离心管收集菌体 100 mL，菌体沉淀置于 −80℃ 冰箱备用。

（4）GST 融合蛋白的提取与纯化

①超声波低温破碎。向收集了菌体的离心管加入 10 mL Buffer A Lysis，0.01 g 溶菌酶，涡旋振荡重悬菌体。先用无菌去离子水清洗一遍超声波变幅杆，再用吸水纸擦净后进行实验材料的粉碎。将菌液移至 15 mL 离心管，离心管置于冰水混合物中保持低温，放入超声波细胞粉碎机，功率 200 W，超声开时间 2 s，超声关时间 8 s，工作总时间 20 min。重复 2 次。每次对菌体进行超声波破碎处理前后都要用无菌去离子水清洗干净。

②获取含有 GST 融合蛋白的粗蛋白。将菌液分装至冰上预冷的 2 mL 离心管，4℃ 低温条件，16 000×g 高速离心 10 min。离心后将相应的上清液移入冰上预冷的 15 mL 离心管，即获得粗蛋白样品。

③磁珠预处理。GST 融合蛋白纯化磁珠是专为高效、快速纯化谷胱甘肽巯基转移酶（GST）融合蛋白而设计的一种新型功能化材料，可通过磁性分离方式直接从生物样品中一步纯化高纯度的目标蛋白，可以便捷地进行 GST 融合蛋白的纯化。磁珠预处理是指在使用磁珠前置换磁珠混悬液中的缓冲液。先提前安装好拼插式磁力架。从 4℃ 冰箱中取出 GST 融合蛋白纯化磁珠，置于涡旋混匀器上充分混匀形成均匀的磁珠混悬液。用移液器取 1 mL 磁珠悬液至 1.5 mL 离心管中，将离心管置于拼插式磁力架上。磁珠在磁力作用下，会聚集在有磁力一端，待混悬液澄清后弃上清液。向留有磁珠的离心管中加入 1 mL Buffer A Washing，取下离心管，涡旋振荡 1 min，然后将离心管再次置于拼插式磁力架上，磁性分离，弃上清液，重复洗涤 2 次，弃上清液即完成磁珠预处理。

④磁珠与 GST 重组蛋白结合。将预处理的磁珠加入含有 GST 重组蛋白的粗蛋白样品中，涡旋振荡 15 s 使之充分混合。然后，将样品转移至 4℃ 冰箱中用涡旋混匀器旋转混合 1 h，使磁珠与 GST 重组蛋白结合。4℃ 低温条件可防止蛋白降解。将混悬完成后的离心管置于拼插式磁力架上进行磁性分离，GST 重组蛋白会结合于磁珠上被沉淀分离，而其余上清液移至空白离心管中作为阴性对照。

⑤磁珠清洗。在磁珠的离心管中加入 Buffer A Washing，室温旋转混合 2 min，磁性分离，上清液移至新 1.5 mL 离心管中待检测。重复洗涤 4 次，取出的上清液分别转移至 1.5 mL 离心管中命名为 W1、W2、W3、W4。

⑥洗脱 GST 融合蛋白。加入 300 μL Buffer B GSH(还原型谷胱甘肽容易被氧化，现配现用)，室温旋转混合 3 min，磁性分离，上清液移至新 1.5 mL 离心管中，重复 3 次。此时 GST 融合蛋白被洗脱出来。每次洗脱的组分(依次命名为 E1、E2、E3)都含有不同浓度的 GST 融合蛋白，即可用于后续实验和检测。

（5）Bradford 法蛋白质浓度定量检测

考马斯亮蓝 G-250 染料与蛋白质疏水区结合，导致最大吸收峰由 465 nm 变为 595 nm，同时颜色也由棕色变为蓝色，蓝色的深浅与蛋白质浓度成正比。将蛋白质样品或稀释的牛血清白蛋白(BSA)与Bradford试剂混合，测量波长595 nm处的吸收值，在建立牛血清蛋白标准曲线的情况下，样品蛋白质的浓度可以根据标准曲线而确定。

①准备标准样品。将考马斯亮蓝G-250染液从4℃冰箱移至室温环境。准备牛血清白蛋白标准溶液(2 mg/mL)，取7支1.5 mL离心管，按照表2-5所列比例分别加入各溶液，其中1号管为空白对照。

表2-5 配制牛血清蛋白标准溶液

离心管编号	试剂		BSA 浓度/(μg/mL)
	1×PBS/μL	0.2 mg/mL BSA/μL	
1	300	0	0
2	285	15	10
3	270	30	20
4	210	90	60
5	180	120	80
6	150	150	100
7	75	225	150

②选取选择底部透光的酶标板(单孔容积250 μL)，每个标准品设置2个重复，各孔分别加入20 μL相应浓度的牛血清蛋白标准溶液。

③各酶标孔加入200 μL Bradford工作液，迅速混匀。

④室温25~30℃反应5 min后，以1号管为空白对照，在酶标仪上测各孔在波长595 nm处的吸光度(A_{595})。酶标仪程序：中度振荡15 s→吸光度检测(A_{595})，积分100，重复2次。

⑤绘制标准曲线获得回归方程。用标准蛋白牛血清蛋白浓度(μg/mL)为纵坐标(Y)、检测得到的吸光度(A_{595})为横坐标(X)，用Excel作图，得到一条标准曲线，并获得回归方程($Y=n·X+m$，其中n和m是方程中的常数，X是检测得到的吸光度，Y是依据X计算获得的蛋白质浓度)。

⑥检测未知蛋白样品。每孔加入20 μL待检测蛋白样品：W1、W2、W3、W4、E1、E2、E3，各加入200 μL Bradford工作液，室温25~30℃反应5 min后，使用酶标仪检测样品。酶标仪程序：中度振荡15 s→吸光度检测(A_{595})，积分100，重复2次(取这2次技术重复的平均值，代入回归方程计算蛋白质浓度)。通过测得的蛋白样品的吸光度(A_{595})，依据标准曲线或回归方程($Y=n·X+m$)，计算蛋白质浓度(μg/mL)。

(6)SDS-PAGE检测蛋白

①安装制胶板并检漏。检查确保两块制胶板下缘平齐且均无破损，安装时，内长外短，先压实制胶板并将其装入垂直制胶架，再将其卡入垂直制胶架固定架。注意：为防止胶板变形漏液，不要过分用力下压，并确保卡稳。卡稳后检查气密性，加入双蒸水至顶沿，静置约3 min，若水位无明显下降，表明气密性良好。将双蒸水倒出，并用纸巾尽量吸干制胶板。

②配制分离胶。参照表3-6和表3-7配方，在50 mL离心管中配制分离胶溶液；用1 mL移液器沿胶板侧角匀速加入7.5 mL胶液(避免枪头残留胶液引入气泡)，胶液面与制胶架白底平齐后静置3分钟；沿胶板边缘左右移动加入1 mL去离子水或异丙醇覆盖胶面，静置1 h至完全聚合；倒出覆盖液，用吸水纸吸干边缘残留水分。

③配制浓缩胶。用 15 mL 离心管按照所需量配制(对照配方，参考表 3-8)，加满至胶板顶沿口(每块浓缩胶约 2.5 mL)，立即插入齿梳(按住两端平行插入制胶板中间)，静置 1 h 后收胶。收胶时，同样也拉住齿梳两端平行拔出，将两块胶板连同制好的胶从模具中取出，先用小水流冲洗胶板，而后缓慢将胶孔端抬起，使胶板中的气泡排出，取纸巾用水浸湿，将胶板包住，放入密封袋，置于 4℃冰箱保存，可保存 7 d。

④准备样品。量取 20 μL 蛋白样品，加入 5 μL 5×SDS-PAGE 上样缓冲液，混合均匀后在 95℃金属浴加热 10 min。垂直电泳槽装好后，加 SDS-Page Running Buffer 至大槽 5 cm 以上，等待 5 min 检漏。

⑤SDS-PAGE 电泳。第一个孔加入 15 μL 1×SDS 上样缓冲液，第二个孔加入蛋白 Marker(5 μL Marker+ 5 μL 1×SDS 上样缓冲液)，后面按照顺序依次点样，最后一个样后面的孔加入 15 μL 1×SDS 上样缓冲液。上样顺序：1×SDS 上样缓冲液、蛋白样品、Marker。将电泳盖正极对正极，负极对负极盖上盖，周围加冰保持低温。电泳仪 90 V，电泳 90 min。

⑥GST 重组蛋白的染色鉴定。SDS-PAGE 电泳完成后直接将胶取下，加入考马斯亮蓝染液没过凝胶，染色 10 min。染色完成后，倒掉染液，加入脱色液没过凝胶，脱色 10 min，再倒掉脱色液，继续加入新的脱色液没过凝胶，如此重复 3 遍。

脱色完成后可以直接使用全自动化学发光/荧光图像分析系统进行拍照，不需要提前降温，软件"AllDoc_x"中选择凝胶成像，根据效果选择不同曝光时间拍照即可保存。对于纯化成功的 GST 重组蛋白，可在染色的胶上相应蛋白大小位置观察到清晰的蛋白条带(图 2-12，GST-DcADH 重组蛋白大小约 70 ku)。

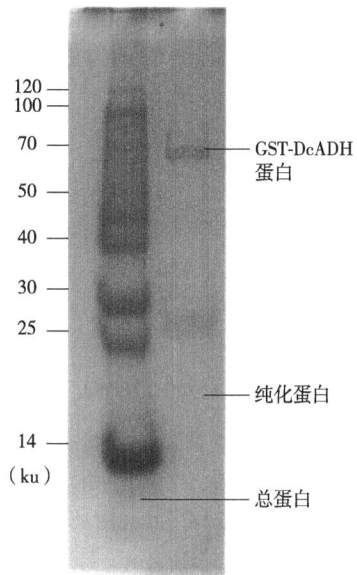

图 2-12　重组蛋白纯化后 SDS-PAGE 的考马斯亮蓝染色

【思考题】

1. 简述 GST 重组蛋白通过磁性分离纯化的原理。

2. 简述加入 IPTG 诱导的原理。

3. 简述使用考马斯亮蓝 Bradford 法测蛋白浓度的原理。

实验 7　植物基因组 DNA 的分离纯化与组分鉴定

【实验目的】

1. 掌握 2×CTAB 法从植物叶片中提取植物基因组 DNA。

2. 学习二苯胺鉴定 DNA 的原理与方法。

【实验原理】

DNA 主要分布于细胞核中，与蛋白质结合形成 DNA—蛋白复合物（DNP）。线粒体和叶绿体中也含有少量自身 DNA，即线粒体 DNA（mitochondrial DNA，mtDNA）和叶绿体 DNA（chloroplast DNA，ctDNA）。

植物组织 DNA 有多种提取方法，其中，十六烷基三甲基溴化铵（cetyltrimethylammonium bromide，CTAB）法因提取快速、简便而被广泛采用。

CTAB 法提取植物基因组 DNA 以 CTAB 缓冲液为提取液。CTAB 可裂解细胞膜及核膜，使 DNP 从细胞中释放。DNP 复合物易溶于高离子强度的 CTAB 缓冲液（缓冲液含高浓度的氯化钠），经氯仿/异戊醇蛋白质变性剂进行抽提，可有效去除蛋白质、植物多糖及酚类等杂质。上述混合液经离心后，可分为 3 层，上层为含有 DNA 的液相，中间层为变性蛋白质等杂质，下层为有机相。收集上层液相并加入乙醇或异丙醇便可将 DNA 沉淀出来，最后加去离子水溶解 DNA 沉淀从而获得 DNA 溶液。若对 DNA 纯度要求较高，可在溶解 DNA 后加入 RNA 酶（RNase）对 RNA 进行消化。

DNA 溶液经硫酸水解可生成磷酸、碱基和脱氧核糖 3 种基本成分。脱氧核糖在酸性溶液中转变成 ω-羟基-γ-酮基戊醛，与二苯胺试剂作用生成蓝色的化合物，溶液颜色的深浅与其浓度成正比。

【实验准备】

（1）仪器用具

恒温水浴锅，高压灭菌锅，电子天平，恒温水浴锅，移液器和枪头，离心机，离心管，研钵，试管，胶头滴管等。

（2）材料与试剂

植物叶片，液氮，氯仿/异戊醇（24∶1），异丙醇或 70%～75% 乙醇溶液，无水乙醇，去离子水等。

2×CTAB 缓冲液：称取 2 g CTAB、8.18 g 氯化钠和 0.74 g 二水乙二胺四乙酸二钠（$Na_2EDTA \cdot 2H_2O$）于烧杯中，加入 10 mL 1 mol/L 的 Tris-HCl（pH 值 8.0）缓冲液和 70 mL 去离子水，溶解后定容至 100 mL。灭菌冷却后加入 0.2～0.5 mL β-巯基乙醇溶液，室温保存。

二苯胺溶液：称取 1 g 二苯胺溶于 98 mL 冰醋酸，再加入 2 mL 浓硫酸，置于棕色瓶中 4℃冰箱保存。

【实验步骤】

（1）DNA 的提取

①取约 1.0 g 植物幼嫩叶片于研钵中，加入液氮研磨至粉末状。将研磨好的粉末转移至 10 mL 离心管，加入约 5 mL 预热（65℃）的 2×CTAB 缓冲液，涡旋混匀。

②将混匀后的离心管置于 65℃恒温水浴锅中加热 30 min，每隔 5 min 取出离心管颠倒数次混匀。

③取出离心管，待冷却至室温后向离心管中加入约 5 mL 氯仿/异戊醇（24∶1），盖紧

管盖后不断轻轻颠倒离心管混匀 5～10 min。

④室温下 4 000 r/min 离心 15 min，小心取出离心管，轻轻吸取上清液并转移至另一洁净的离心管(尽量吸取上层清液，勿吸取中间层的蛋白液)，然后向离心管中加入所吸取上清液 2/3 体积的预冷异丙醇或无水乙醇，轻轻颠倒离心管混匀 5 min。

⑤室温下 4 000 r/min 离心 15 min，弃上清液。先向离心管中加入 75% 乙醇溶液洗涤 DNA 沉淀 1～2 次，再用无水乙醇洗涤 DNA 沉淀 1 次。将离心管盖子打开并置于室温下干燥 20 min。

⑥干燥后的 DNA 沉淀用 1 mL 去离子水溶解(根据 DNA 的沉淀量加入不同体积的去离子水)。

(2) DNA 组成成分鉴定

脱氧核糖的鉴定：取一支试管，先加入 10 滴 DNA 溶液，再加入 10 滴二苯胺溶液，在沸水浴中反应 10 min，观察现象。

(3) 现象观察

观察 DNA 溶液与二苯胺溶液在沸水浴中反应的颜色变化并解释现象。若为蓝色，说明 DNA 提取成功，因为 DNA 中的脱氧核糖在酸性溶液中转变成 ω-羟基-γ-酮基戊醛与二苯胺试剂作用生成蓝色的化合物；若不为蓝色，说明 DNA 提取不成功或者含量很低。

【注意事项】

①研磨叶片样品时应尽量使样品呈粉末状，以使细胞充分裂解。研磨后的样品要迅速收集，以防样品潮解。

②用氯仿/异戊醇抽提离心后应轻柔地取出离心管，以免中间层蛋白杂质进入上层，用胶头滴管轻轻吸取上清液。

③为获得天然的大分子 DNA，在提取过程中应避免强烈的机械振荡和极端理化因素的影响。

【思考题】

1. DNA 提取过程中应注意哪些事项？

2. 氯仿和异戊醇分别有何作用？

实验 8　动物基因组 DNA 的分离纯化与组分鉴定

【实验目的】

1. 掌握从动物组织提取脱氧核糖核酸(DNA)的方法。

2. 了解二苯胺鉴定 DNA 的原理。

【实验原理】

几乎所有的细胞均含有 DNA，但不同组织细胞 DNA 含量不同。某些组织中，脱氧核糖核酸酶活力较高，对 DNA 具有较强的水解作用。因此，从组织细胞提取 DNA 时应选择 DNA 含量多且脱氧核糖核酸酶活力低的组织。具备这些条件的理想组织是淋巴细胞和胸腺。此外，脾脏、肝脏也是较理想的材料。

制备 DNA 的方法较多。方法的选择因所用的生物材料及待分离的 DNA 的类别不同而有较大差异。DNA 容易变性，为获得与天然 DNA 相似的大分子 DNA，必须严格控制实验条件，不仅应避免机械振荡和极端理化因素的影响，还要抑制核酸酶的活力。

提取液中加入柠檬酸缓冲液和乙二胺四乙酸（EDTA）使其与脱氧核糖核酸酶的辅助因子 Ca^{2+} 和 Mg^{2+} 结合，从而抑制该酶活力。十二烷基硫酸钠（SDS）可以破坏细胞膜，也可以使核酸酶失活。

DNA 与蛋白质结合形成的复合物称为脱氧核糖核蛋白（DNP），它可溶于高离子强度的溶液中，但不溶于低离子强度的溶液（$0.05 \sim 0.025$ mol/L）。因此，在提取的最初阶段，将组织细胞置于含柠檬酸钠的等渗盐溶液中匀浆（pH = 7.0）。此时，其他大分子物质（如核蛋白）大多处于溶解状态，而脱氧核糖核蛋白不溶，离心后，将得到的沉淀溶于含 1 mol/L 氯化钠溶液，加入氯仿/异戊醇除去蛋白，向抽提液中加入乙醇即可沉淀出 DNA。

DNA 分子中的脱氧核糖在酸性溶液中转变成 ω-羟基-γ-酮基戊醛，与二苯胺作用生成蓝色的化合物（$\lambda_{max} = 595$ nm）。当 DNA 浓度为 $20 \sim 200$ μg/mL 时，吸光度与 DNA 浓度成正比，可用比色法鉴定。

【实验准备】

（1）仪器用具

离心机，组织捣碎机，电子天平，镊子，剪子，烧杯，碘值瓶或带塞的试剂瓶，玻璃棒，量筒，离心管，三角瓶，试管等。

（2）材料与试剂

新鲜猪肝，无水乙醇，氯仿/异戊醇（24 : 1），1×SSC 溶液，0.1×SSC 溶液，蒸馏水等。

10×SSC 储存液（1.50 mol/L 氯化钠—0.15 mol/L 柠檬酸钠溶液，pH 值 7.0）：分别称取 87.70 g 氯化钠和 44.10 g 柠檬酸钠溶于 500 mL 蒸馏水，定容至 1 000 mL，调节 pH 值至 7.0。

0.15 mol/L 氯化钠—0.10 mol/L EDTA 溶液（pH 值 8.0）：分别称取 8.77 g 氯化钠和 37.20 g 乙二胺四乙酸溶于 500 mL 蒸馏水，定容至 1 000 mL，调节 pH 值至 8.0。

5% SDS 溶液：将 5 g 十二烷基硫酸钠溶于 100 mL 45% 的乙醇溶液。

二苯胺溶液：称取 1 g 二苯胺溶于 98 mL 冰醋酸，加入 2 mL 浓硫酸。现用现配。

【实验步骤】

（1）DNA 的制备

①用电子天平称取 80 g 新鲜猪肝。

②将猪肝放入组织捣碎机中，加入约 2 倍体积的 1×SSC 溶液，匀浆 1 min。

③取 20 mL 匀浆液，4 000 r/min 离心 10 min，弃上清液。

④将沉淀混匀悬浮于 5 倍沉淀体积的 EDTA 溶液中，边搅拌边滴加 5% SDS 溶液，直至滴加 SDS 的浓度为 1%。

⑤边剧烈搅拌边加入磨碎的固体氯化钠使其终浓度达 1 mol/L，继续搅拌直至氯化钠

完全溶解。

⑥将混合液倒入三角瓶，加入等体积的氯仿/异戊醇混合液，在室温下剧烈振荡 20 min。

⑦4 000 r/min 离心 20 min。

⑧离心后，取上清液于烧杯中，缓慢地加入 2 倍体积的预冷无水乙醇，使其充分混合，以便使丝状 DNA 缠绕在玻璃棒上。

⑨用蒸馏水溶解 DNA。如有必要，可将绕出的 DNA 放入 70% ~ 75% 的乙醇溶液中洗一次，然后放入 95% 的乙醇溶液中洗一次。

⑩取 1 支试管，先加入 20 滴 DNA 溶液，再加入 20 滴的二苯胺溶液，在沸水条件反应 10 min，观察其颜色变化。若为蓝色，说明 DNA 提取成功，因为 DNA 中的脱氧核糖在酸性溶液中转变成 ω-羟基-γ-酮基戊醛与二苯胺试剂作用生成蓝色的化合物；若不为蓝色，说明 DNA 提取不成功或者含量很低。

【注意事项】

①为了防止大分子核酸在提取过程中的分子断裂和降解，提取过程中需加入柠檬酸钠、EDTA、8-羟基喹啉等物质以抑制核酸酶的活力，并在低温下进行操作。此外，提取过程中应避免加热、剧烈振荡，以及接触强酸和强碱等。本实验在制备组织匀浆时，不宜过于剧烈，时间也不应该太长，以避免破坏细胞核，导致 DNA 释放而断裂。

②去除蛋白时，剧烈振荡可使部分 DNA 断裂，乙醇沉淀后，除能缠绕黏附在玻璃棒上的纤维 DNA 外，溶液中还会有絮状沉淀(即断裂的 DNA)。若振荡时间不足，将导致蛋白质去除效果不佳，影响 DNA 制备的质量。

【思考题】

1. 分离 DNA 应注意哪些条件？

2. 本实验中，氯仿/异戊醇的作用是什么？

实验 9　酵母 RNA 的提取与组分鉴定

【实验目的】

1. 掌握从酵母中提取和制备 RNA 的原理和方法。

2. 了解核酸的基本结构和组成。

【实验原理】

RNA 又称核糖核酸，是一种存在于生物细胞以及部分病毒、类病毒中的遗传信息载体，是由核糖核苷酸通过磷酸二酯键连接而成的长链聚合分子。这种聚合分子，在基因编码及表达调控中均具有重要的生物学功能。研究证实，同一物种个体不同类型的细胞含有相同的 DNA，但各种细胞所含的 RNA 有细微差异，这是细胞具有不同功能的基础和前提。为了研究这些细胞 RNA 表达水平的差异，常采用低通量荧光定量 PCR，即 RT-qPCR 或 realtime-PCR。而研究一个组织或一大群细胞整体 RNA 表达情况，需要通过转录组学来实现。作为高通量测序组学技术之一，转录组学利用最新的二代或三代 RNA 测序技术，不但可以对基因表达情况进行整理和归类，也可以对不同样本之间的差异基因表达进行分析。

提取和制备 RNA 的首要问题是选择 RNA 含量高的材料。微生物是工业上大量生产核酸的原料，其中 RNA 的提取和制备以酵母最为理想，因为酵母核酸主要是 RNA(2.67%~10.00%)，DNA 很少(0.030%~0.516%)，且酵母菌体容易收集，RNA 也易于分离。在酵母 RNA 提取和制备过程中，首先使 RNA 从酵母细胞中释放，并使其与蛋白质分离，将菌体除去，再根据核酸在等电点时溶解度最小的性质，将 pH 值调至 2.0~2.5，使 RNA 沉淀，进行离心收集；最后运用 RNA 不溶于有机溶剂(如乙醇)的特性，以乙醇洗涤 RNA 沉淀。提取 RNA 的方法很多，在工业生产上常用的是稀碱法和浓盐法，稀碱法利用细胞壁在稀碱条件下溶解，使 RNA 释放。这种方法提取时间短，但 RNA 在稀碱条件下不稳定，容易被碱分解。浓盐法是在加热条件下，利用高浓度的盐改变细胞膜的透性，使 RNA 释放。此法易掌握，产品颜色较好。使用浓盐法提出 RNA 时应注意控制温度，避免在 20~70℃停留时间过长，因为这是磷酸二酯酶和磷酸单酯酶作用的温度范围，会使 RNA 因降解而降低提取率。此外，在 90~100℃条件下加热可使蛋白质变性，破坏磷酸二酯酶和磷酸单酯酶，有利于 RNA 提取。

【实验准备】

(1)仪器用具

分析天平，紫外—可见光分光光度计，恒温水浴锅，电炉，研钵，离心机，烘箱，干燥器，三角瓶，量筒，试管夹，离心管，烧杯，滴管，玻璃棒，吸滤瓶，布氏漏斗，表面皿等。

(2)材料与试剂

活性干酵母，pH 试纸(pH 值 0.5~5.0)，去离子水，95%乙醇溶液，浓氨水等。

10%氯化钠溶液：称取 100 g 氯化钠溶于 1 000 mL 蒸馏水，搅拌使之充分溶解。

6 mol/L 盐酸溶液：量取 518.4 mL 浓盐酸(11.6 mol/L)置于烧杯中，加入 600 mL 去离子水稀释，冷却后定容至 1 000 mL，室温保存。

0.5 mol/L 碳酸氢钠溶液：称取 42 g 碳酸氢钠溶于 1 000 mL 蒸馏水，搅拌使之充分溶解。

1.5 mol/L 硫酸溶液：称取 83.4 mL 浓硫酸溶于 1 000 mL 蒸馏水，搅拌使之充分溶解。

0.1 mol/L 硝酸银溶液：称取 17 g 硝酸银溶于 1 000 mL 蒸馏水，搅拌使之充分溶解。

三氯化铁浓盐酸溶液：量取 2 mL 10%三氯化铁溶液加入 400 mL 浓盐酸，混匀。

苔黑酚乙醇溶液：称取 6 g 苔黑酚溶于 100 mL 95%乙醇溶液，混匀。

定磷试剂：①17%硫酸，量取 17 mL 浓硫酸(相对密度 1.84)缓缓加入 83 mL 蒸馏水；②2.5%钼酸铵溶液，称取 2.5 g 钼酸铵溶于 100 mL 蒸馏水；③10%抗坏血酸溶液，称取 10 g 抗坏血酸溶于 100 mL 蒸馏水，保存于棕色瓶中，溶液呈淡黄色尚可使用，呈深黄色甚至棕色表示失效。临用时将上述 3 种溶液与蒸馏水按如下体积比混合：$V_{溶液①}$: $V_{溶液②}$: $V_{溶液③}$: $V_{蒸馏水}$ = 1 : 1 : 1 : 2。

【实验步骤】

(1)提取

称取 2 g 活性干酵母倒入 100 mL 三角瓶中，加入 10 mL 10%氯化钠溶液，搅拌均匀，置于沸水浴中提取 0.5 h。

（2）分离

将上述提取液取出冷却至室温，分装入离心管内，3 500 r/min 离心 10 min，使提取液与菌体残渣分离。

（3）沉淀 RNA

将离心得到的上清液倾于 50 mL 烧杯中，并置于放有冰块的 250 mL 烧杯中冷却，待冷至 10℃ 以下时，用 6 mol/L 盐酸溶液小心地调节 pH 值至 2.0~2.5。随着 pH 值下降，溶液中的白色沉淀逐渐增加，到等电点时沉淀量最多（注意：严格控制 pH 值）。调节 pH 值至 2.0~2.5 后继续于冰浴中静置 10 min，使沉淀充分，颗粒变大。

（4）洗涤

将上述悬浮液 3 000 r/min 离心 10 min，弃上清液，得到 RNA 沉淀。将沉淀物放在小烧杯内，加入 3 mL 0.5 mol/L 碳酸氢钠溶液溶解沉淀，4 000 r/min 离心 1 min，取上清液于另一离心管，加入两倍体积的 95% 乙醇溶液，混匀。重新沉淀 RNA，3 000 r/min 离心 5 min，即得湿 RNA 粗制品，经真空干燥箱室温干燥 15 min，即得到 RNA 干粉。

（5）组分测定

称取 200 mg 干燥后的 RNA 产品，加入 1.5 mol/L 硫酸溶液 10 mL，在沸水浴中加热 10 min，制成水解液进行组分测定。

①嘌呤碱。吸取 1 mL 水解液，先加入过量浓氨水，再加入 1 mL 0.1 mol/L 硝酸银溶液，观察有无嘌呤碱的银化合物沉淀。

②核糖。取 1 支试管，加入 1 mL 水解液、2 mL 三氯化铁浓盐酸溶液和 0.2 mL 苔黑酚乙醇溶液，在沸水浴中加热 10 min。注意观察，若溶液变为绿色，则说明存在核糖。

③磷酸。取 1 支试管，加入 1 mL 水解液和 1 mL 定磷试剂，沸水浴中加热 10 min，若溶液变为蓝色，说明存在磷酸。

【思考题】

1. 简述 RNA 提取和制备的注意事项。
2. RNA 的水解产物有哪些？
3. 生物体中主要的 RNA 有哪几种？分布如何？

实验 10　离子交换层析法分离单核苷酸

【实验目的】

1. 学习离子交换柱层析分离单核苷酸的原理和方法。
2. 熟练掌握紫外分光光度计的使用方法。

【实验原理】

单核苷酸研究从分子层面揭示了生命活动的本质，其应用覆盖从基础科学到临床医学、从农业生产到工业制造等领域。未来，随着基因编辑、合成生物学等技术的发展，单核苷酸研究将继续推动生命科学的发展。目前，单核苷酸的生产方法主要包括化学合成法、酶解法和微生物发酵法。通过从酿酒酵母、白地霉、谷氨酸菌体、青霉菌丝体、面包酵母等抽提核酸，再经橘青霉产生的 5′-磷酸二酯酶在适合条件(pH 值 5.2，75℃)下酶解 RNA，可得到 4 种 5′-单核苷酸混合物。

离子交换层析是指溶液中的离子通过与交换剂上的解离基团进行连续、竞争性的交换平衡而实现分离目的的方法。该方法包括吸附和洗脱两个过程，都是根据质量作用定律进行的。

$$阳离子交换树脂：R_C^- C_1^+ + C_2^+ \rightleftharpoons R_C^- C_2^+ + C_1^+$$

$$阴离子交换树脂：R_A^+ A_1^- + A_2^- \rightleftharpoons R_A^+ A_2^- + A_1^-$$

式中，R 代表离子交换剂骨架；C^+ 和 A^- 分别代表阳离子和阴离子。

要成功地分离某物质，必须根据该物质的解离性质选择适当类型的离子交换剂，并控制吸附和洗脱条件。核苷酸分子内可解离的基团是氨基、烯醇基和磷酸基，它们是进行离子交换层析分离的基础。利用离子交换树脂可将 4 种单核苷酸相互分离(表 2-8)。

表 2-8 4 种单核苷酸的解离常数(pK)

核苷酸	氨基(—NH$_2$)	烯醇基(—OH)	磷酸基一级解离	磷酸基二级解离
AMP	3.70	—	0.89	6.01
GMP	2.30	9.70	0.70	5.92
CMP	4.24	—	0.80	5.97
UMP	—	9.43	1.02	5.88

从表 2-8 可见，烯醇基的解离常数在 9.5 左右，此解离常数一般不用于核苷酸的分离。4 种核苷酸的磷酸基一级解离、二级解离的解离常数比较接近，不能作为分离的主要依据。而氨基(UMP 无氨基)却不同，它们的解离常数相差很大，在离子交换层析分离中起着决定性作用。

本实验采用阳离子交换树脂分离 4 种单核苷酸。在 pH 值为 1.5 时，核苷酸的磷酸基大部解离带负电荷。UMP 因无氨基，所以其净电荷为负值，不与阳离子交换树脂发生吸附，在洗脱时直接洗出来，而 AMP、CMP、GMP 具有氨基，在此 pH 值条件下解离带正电荷，分子的净电荷为正值，被阳离子交换树脂吸附。pH 值为 2.0~5.0 时，各种核苷酸氨基的解离常数不同，净电荷产生明显差异。因此，当用无离子水洗脱时，便可将它们一一分开。

根据图 2-13 分析，理论上的洗脱顺序应是 UMP→GMP→AMP→CMP，而实际的分离顺序却是 UMP→GMP→CMP→AMP，这是由于采用聚苯乙烯树脂作为交换剂时，树脂对嘌呤碱的吸附能力大于对嘧啶碱的吸附能力(非极性吸附，与分子表面积有关)，是综合电荷及非极性吸附综合作用的结果，致使 AMP 与 CMP 的洗脱位置发生互换。

4 种单核苷酸混合物样品上柱后，用盐酸进行洗脱，UMP 最先洗出。当改用蒸馏水进行洗脱时，随着流出液 pH 值逐步升高，GMP 和 CMP 相继洗出，再经一段较长的无核苷

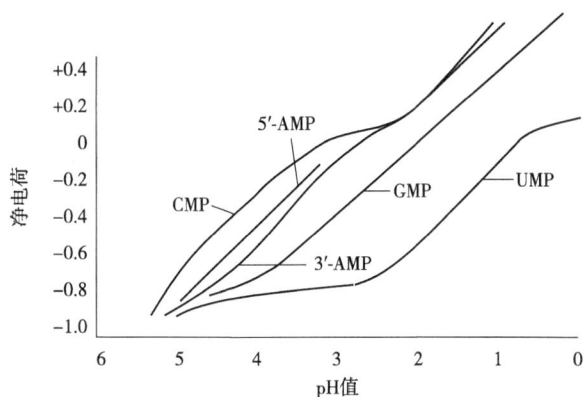

图 2-13　不同单核苷酸随 pH 值变化所带净电荷情况

酸空白区，AMP 才最后洗出。为缩短分离过程，UMP、GMP 和 CMP 洗出后，可改用 3% 氯化钠溶液作为洗脱液。该操作通过增强竞争性离子交换作用，降低树脂对核苷酸的吸附能力，从而使 AMP 提前洗出。洗脱情况用紫外分光光度计检测，可通过部分收集器收集洗脱液。

【实验准备】

（1）仪器用具

紫外分光光度计，分部收集器，层析柱，试管，玻璃棒，胶头滴管等。

（2）材料与试剂

5′-AMP+5′-GMP+5′-CMP+5′-UMP 混合液，0.05 mol/L 盐酸溶液；3% 氯化钠溶液，聚苯乙烯—二乙烯苯磺酸性阳离子交换树脂等。

离子交换树脂预处理：先将新树脂(聚苯乙烯—二乙烯苯磺酸阳离子交换树脂)用水浸泡并抽真空脱气，浮洗去除漂浮物及杂质；然后用 1 mol/L 氢氧化钠溶液浸泡树脂 3~5 h，用蒸馏水洗涤至中性；再用 1 mol/L 盐酸溶液浸泡 3~5 h，以蒸馏水洗涤至中性，反复处理 2 次；最后水洗至 pH 值至 7.0 后备用。

4 种单核苷酸混合液的制备：称取 0.15 g 酵母 RNA 溶于 50 mL 0.3 mol/L 氢氧化钾溶液中，置于 37℃恒温保育 20 h。水解液用 2 mol/L 高氯酸调节 pH 值至 3.5，4 000 r/min 离心 10 min，保留上清液，临用前用 0.05 mol/L 盐酸溶液稀释 1 倍，并用氢氧化钾溶液调节 pH 值至 8.0，置于 4℃冰箱保存备用。

【实验步骤】

（1）装柱

垂直装好层析柱，关紧柱子下端阀门，柱内倒入适量蒸馏水，将一小块脱脂棉浸湿后用玻璃棒送入柱底部，打开阀门使蒸馏水流出，排出气泡，关闭阀门；然后将已处理好的阳离子交换树脂悬浮，用玻璃棒边搅拌边缓慢加入柱内，使其自行下沉，柱床装至高 10 cm 左右即停止装柱。装好的柱床应无气泡、无分层、床面平整。在柱床表面放一张滤纸。在使用层析柱的过程中，随时关注上层液面变化，防止干柱。

（2）平衡柱床

柱床装毕后，打开阀门缓慢放出液体，使液面降至滤纸片下方的树脂面(注意：切勿使液面低于树脂面），然后用 0.05 mol/L 盐酸溶液平衡柱床（可用 pH 试纸检测，pH 值上下一致时表示柱床已平衡）。

（3）上样

柱床平衡后，吸去滤纸片上层多余的液体。取 1 mL 样品液（RNA 水解产物）沿管壁缓慢加于柱上，待样品液全部进入树脂，开始洗脱。

（4）洗脱与收集

①用 0.05 mol/L 盐酸溶液洗脱，洗出液用分部收集器收集，并在波长 260 nm 处检测流出液，流速约 1 mL/min，每管收集 5 mL。

②当第一种核苷酸从层析柱上洗脱后，改变洗脱液的 pH 值，改用蒸馏水洗脱，当第三个峰出完后，换用 3%氯化钠溶液继续洗脱至第四个峰出完。

（5）结果处理

以收集管为横坐标、波长 260 nm 处的吸收值为纵坐标，绘制洗脱曲线，并确定 4 种单核苷酸的收集高峰管（吸光度最大）。

【注意事项】

①应选择合适的离子交换树脂类型，处理彻底。

②一定要装好层析柱，它直接影响分离效果。

【思考题】

1. 核苷酸有哪些用途？如何生产？

2. 简述离子交换柱层析分离单核苷酸的原理。

实验 11　水果组织中还原糖的提取与含量测定

【实验目的】

1. 了解糖类在植物物质代谢中的作用。

2. 掌握植物组织中还原性糖的提取和测定方法。

【实验原理】

糖在植物的碳素营养中扮演着至关重要的角色，它不仅能够合成纤维素以构建植物细胞壁，还能转化并参与合成其他有机物质，如核苷酸和核酸等。此外，糖类为植物的各种合成过程及生命活动提供必需的能量。因此，糖类是植物营养中需求量最大的一类基本物质。在水果组织中，还原糖主要包括葡萄糖、果糖和麦芽糖。

在碱性环境中，还原糖与 3,5-二硝基水杨酸（DNS）共同加热，还原糖被氧化生成糖酸及其他相关产物，而 3,5-二硝基水杨酸则被还原为 3-氨基-5-硝基水杨酸（呈棕红色）。在一定范围内，还原糖的量与棕红色物质颜色的深浅程度成正比。通过在波长 540 nm 下测定棕红色物质的吸光度，并对照标准曲线，即可准确计算水果样品中还原糖的含量。

【实验准备】

(1)仪器用具

可见分光光度计，电子天平，恒温水浴锅，电炉或电热板，研钵，容量瓶，漏斗，烧杯，三角瓶，试管，滤纸等。

(2)材料与试剂

苹果或梨，80%乙醇溶液，葡萄糖，2 mol/L 氢氧化钠溶液，酒石酸钾钠，结晶酚，亚硫酸钠，蒸馏水等。

1 mg/mL 葡萄糖标准溶液：称取适量葡萄糖装入称量瓶，在 85℃下烘至恒重，放入干燥器冷却后，精确称取 100 mg，加蒸馏水溶解，定容至 100 mL，置于 4℃冰箱保存备用。

3,5-二硝基水杨酸(DNS)试剂：称取 6.3 g 3,5-二硝基水杨酸，量取 262 mL 2 mol/L 氢氧化钠溶液，加至 500 mL 含有 185.0 g 酒石酸钾钠的热水溶液中，再加入 5.0 g 结晶酚和 5.0 g 亚硫酸钠，搅拌溶解，冷却后加蒸馏水定容至 1 000 mL，贮于棕色瓶中备用。

【实验步骤】

(1)水果样品中还原糖的提取

称取 2.0 g 混匀剪碎的苹果(或梨)，置于研钵中，加入 5 mL 80%乙醇溶液研磨成匀浆，然后转入 100 mL 的三角瓶中，用 50 mL 80%乙醇溶液分 3 次洗涤研钵，并将洗涤液一并转入三角瓶中。将烧杯置于 50℃中提取 20 min，冷却后滤纸过滤，用 20 mL 80%乙醇溶液洗涤残渣 3 次，过滤洗涤液，合并滤液转入 100 mL 容量瓶中并用蒸馏水定容，备用。

(2)葡萄糖标准曲线的制作

取 12 支试管，分 2 组并编号，按表 2-9 加入试剂。

表 2-9　DNS 法测还原糖标准曲线的制作

操作项目	试管编号					
	1	2	3	4	5	6
葡萄糖标准溶液/mL	0	0.2	0.4	0.6	0.8	1.0
3,5-二硝基水杨酸试剂/mL	1.5	1.5	1.5	1.5	1.5	1.5
反应条件	将各管摇匀，沸水中反应 5 min 后，分别按以下体积加入蒸馏水将体积补至 10 mL，摇匀，冷却至室温					
蒸馏水/mL	8.5	8.3	8.1	7.9	7.7	7.5
A_1						
A_2						
$\overline{A}_{540}$						

以 1 号管为调零管，在波长 540 nm 处测量 2~6 号试管中溶液的吸光度。以葡萄糖的质量浓度(mg/mL)为横坐标、吸光度为纵坐标，绘制标准曲线。

(3)样品中还原糖的测定

样品中提取的还原糖可根据需要稀释一定倍数。取 4 支试管，分 2 组并编号，按表

2-10 加入试剂后与步骤(2)同步进行。

表 2-10　DNS 法测样品中还原糖含量

操作项目	试管编号	
	7	8
样品还原糖提取液或稀释液/mL	1.0	1.0
3,5-二硝基水杨酸试剂/mL	1.5	1.5
反应条件	将各管摇匀，沸水中反应 5 min 后分别按以下体积加入蒸馏水将体积补至 10 mL，摇匀，冷却至室温	
蒸馏水(mL)	7.5	7.5
A_1		
A_2		
$\overline{A}_{540}$		

以 1 号管为调零管，在波长 540 nm 处测量各试管中溶液的吸光度。

(4) 结果与计算

从标准曲线上查得还原糖的质量浓度，代入式(2-1)并计算可溶性糖的百分含量(如果样品液进行了稀释，注意乘稀释倍数)。

$$w = \frac{m_1 \times V}{m \times 1\,000} \times 100 \times 100\% \tag{2-1}$$

式中，w 为样品中可溶性糖的百分含量(%)；m_1 为根据样品平均吸光度从标准曲线上查得的还原糖质量浓度(mg/ mL)；m 为样品质量(g)；V 为提取液总体积(mL)。

【注意事项】

①取水果可食部分(去皮去核)，快速切碎混匀，避免氧化或酶解导致糖分降解。

②标准曲线制作与样品还原糖测定应同时进行，同时显色和比色。

③如果样品管测出的吸光度值过高，超出标准曲线范围，需稀释后重新测定。

【思考题】

1. 为什么常用 80% 乙醇提取还原糖而非纯水?

2. 植物组织中糖的测定方法有多种，举例说明其原理和优缺点。

实验 12　油料作物种子脂肪的提取与含量测定

【实验目的】

1. 掌握超声辅助水代法提取油料作物种子脂肪的方法。

2. 学习正确使用超声波萃取仪。

【实验原理】

油料作物是一类种子中含有大量脂肪，用来提取油脂供食用或作工业、医药原料等的作物，主要有花生、大豆、油菜、芝麻、蓖麻、向日葵等。在各种油料作物中，花生的单产高、含油率高，是喜温耐瘠作物，对土壤要求不严，因而种植分布广泛。

花生皮壳富含纤维素和半纤维，但含油率低，若不预先去除，会对榨油过程产生一系列不利影响，如出油率降低、精炼难度增加、设备负担加重等。因此，油料预处理阶段的脱壳去皮是油脂提取关键环节，对于提高油品质量和生产效率至关重要。

制备油料作物种子油脂的常用方法有压榨法、有机溶剂浸提法、超临界流体萃取法和水代法等。压榨法出油率高，但含杂质多；有机溶剂浸提法耗时长，能耗高，有机溶剂残留问题难以解决；超临界流体萃取是一种新型的萃取分离技术，但生产成本较高；水代法操作条件比较温和，萃取油脂的品质好。

水代法是从油料中以水代油而得脂肪的方法，在一定条件下，水与蛋白质的亲和力比油与蛋白质的亲和力大，因而水分浸入油料而代出脂肪。在此基础上，通过增加超声辅助，可以进一步增大油脂在溶剂中的溶解度，从而使植物中的油脂加速渗透，提高出油率。

超声辅助提取利用超声波产生的强烈振动、空化、搅拌等超声效应协同作用，使植物组织内部产生大量空化泡，这些气泡的瞬间崩裂可破坏细胞壁结构，形成微通道，从而促进溶剂快速渗透进入细胞内部，增强样品的提取效率。

【实验准备】

（1）仪器用具

组织捣碎机，电子天平，超声波萃取仪，离心机，白瓷盘，铜筛，烧杯，离心管等。

（2）材料与试剂

花生，正己烷，蒸馏水等。

【实验步骤】

（1）材料预处理

花生洗净后脱壳去皮，选取颗粒相对饱满的花生仁。将花生仁摊平放在白瓷盘中，恒温干燥箱内 105℃ 干燥 1 h，切成小块后用组织捣碎机捣碎，过 80 目筛，制得花生烘干粉。

（2）脂肪的提取

每组称取 5.0 g 花生烘干粉放入小烧杯，加入 40 mL 蒸馏水，充分搅拌混匀，置于超声萃取仪进行提取。超声功率 300 W，提取温度 50℃，提取时间 30 min。

提取结束后，加入 10 mL 正己烷作为萃取剂，快速混合均匀，4 000 r/min 离心 15 min，取上清液，减压回收溶剂，称重，按式（2-3）计算出油率。

$$出油率（\%）= \frac{m_1}{m_2} \times 100\% \tag{2-2}$$

式中，m_1 为实际提取油脂的质量（g）；m_2 为花生烘干粉的质量（g）。

【思考题】

1. 结合实验室现有条件，思考在提取过程中应采用何种方式进行溶剂（正己烷）的减压回收?

2. 哪些因素影响超声辅助水代法提取花生脂肪的效果?

3. 查阅文献,简述索氏抽提法提取油料作物种子脂肪的原理和一般工艺流程。

4. 查阅文献,总结脂肪提取的方法,并分析和比较不同提取方法的优劣及适用范围。

实验 13　果蔬维生素 C 的提取与定量测定

【实验目的】

1. 了解维生素 C 的生理功能。

2. 掌握 2,6-二氯酚靛酚滴定法测定维生素 C 含量的方法。

【实验原理】

维生素是人体必需的一类微量有机化合物,根据溶解性可分为脂溶性(维生素 A、D、E、K)和水溶性(B 族维生素和维生素 C)两大类。脂溶性维生素依赖脂肪吸收,可储存在肝脏和脂肪组织中;水溶性维生素则需每日补充,过量部分随尿液排出。这些维生素在维持生命活动、促进生长发育和调节生理功能中起关键作用。例如,维生素 A 维持视力和免疫功能,B 族维生素参与能量代谢,维生素 C 促进胶原合成,维生素 D 调节钙磷代谢,维生素 E 保护细胞膜,维生素 K 参与凝血过程。维生素缺乏会导致特定疾病(如夜盲症、坏血病、佝偻病等),而长期过量摄入(特别是脂溶性维生素)可能引起中毒。

维生素 C(抗坏血酸)是一种重要的水溶性维生素,具有多重生理功能。作为强效抗氧化剂,它能中和自由基,减轻氧化损伤;作为胶原合成的必需辅因子,可维持皮肤、血管和结缔组织的完整性;同时还能增强免疫功能,促进伤口愈合。由于人体无法合成维生素 C,必须通过新鲜果蔬(如柑橘、猕猴桃、辣椒等)摄入。成人每日推荐摄入量为 75 ~ 90 mg,缺乏会导致坏血病,过量可能引起消化道不适。维生素 C 对热敏感且不易储存,因此需注意合理膳食搭配和科学的烹饪方式。

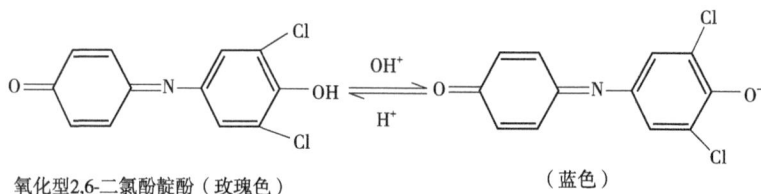

氧化型2,6-二氯酚靛酚(玫瑰色)　　　　　　　　　　　　　　(蓝色)

【实验准备】

(1)仪器用具

分析天平,三角瓶,微量滴定管,移液管,容量瓶,研钵,漏斗,纱布等。

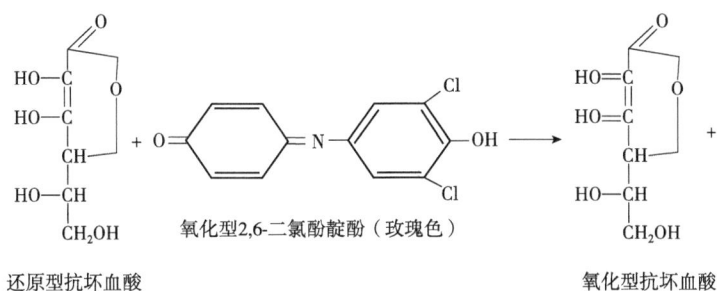

还原型抗坏血酸 ＋ 氧化型2,6-二氯酚靛酚（玫瑰色）→ 氧化型抗坏血酸 ＋

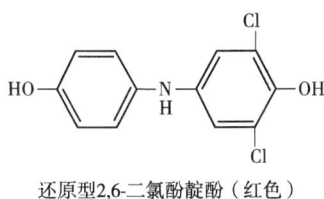

还原型2,6-二氯酚靛酚（红色）

（2）材料与试剂

新鲜蔬菜或水果，草酸，抗坏血酸，2,6-二氯酚靛酚等。

2%草酸溶液：称取 2 g 草酸溶于 100 mL 蒸馏水，充分溶解并混匀。

1%草酸溶液：称取 1 g 草酸溶于 100 mL 蒸馏水，充分溶解并混匀。

1 mg/mL 标准抗坏血酸溶液：称取 100 mg 纯抗坏血酸(应为洁白色，如变为黄色则不能用)溶于 1%草酸溶液，稀释并定容至 100 mL，贮于棕色瓶中，置于 4℃冰箱保存。最好临用前配制。

0.1% 2,6-二氯酚靛酚溶液：称取 250 mg 2,6-二氯酚靛酚溶于 150 mL 含有 52 mg 碳酸氢钠的热水中，冷却后加水稀释至 250 mL，贮于棕色瓶中冷藏(4℃)可保存 1 周。使用前用标准抗坏血酸溶液标定。

【实验步骤】

（1）提取

水洗干净整株新鲜蔬菜或整个新鲜水果，用纱布或吸水纸吸干表面水分。然后称取 20 g，加入 20 mL 2%草酸溶液，研磨匀浆，4 层纱布过滤，滤液备用。纱布可用少量 2%草酸溶液清洗几次，合并滤液，滤液总体积定容至 50 mL。

（2）标准液滴定

准确吸取 1 mL 标准抗坏血酸溶液置于 100 mL 三角瓶，加入 9 mL 1%草酸溶液，用微量滴定管以 0.1% 2,6-二氯酚靛酚溶液滴定至淡红色，当保持 15 s 不褪色时即达终点。由所用染料的体积计算 1 mL 染料相当于抗坏血酸的质量(单位：mg)，取 10 mL 1%草酸溶液作为空白对照，按以上方法滴定。

（3）样品滴定

准确吸取 2 份滤液，每份 10 mL，分别放入 2 个三角瓶内，滴定方法同步骤(2)。另取 10 mL 1%草酸作为空白对照滴定。

（4）空白滴定

准确吸取 10 mL 1%草酸溶液放入 100 mL 三角瓶，用 2,6-二氯酚靛酚滴定至终点，记录所消耗染料的体积。

（5）结果计算

$$w = \frac{(V_A - V_B) \cdot V_C \cdot V_T}{V_D \cdot m} \cdot 100 \qquad (2\text{-}2)$$

式中，w 为维生素 C 含量（mg/100 g 样品）；V_A 为滴定样品所用染料的平均体积（mL）；V_B 为滴定空白对照所用染料的平均体积（mL）；V_C 为样品提取液的总体积（mL）；V_D 为滴定时所取的样品提取液体积（mL）；V_T 为 1 mL 染料能氧化抗坏血酸体积（mL），由步骤（2）计算得出；m 为待测样品的质量（g）。

【思考题】

1. 为了测得准确的维生素 C 含量，实验过程中应注意哪些操作步骤？

2. 试述维生素 C 的生理意义。

3. 如何理解式(2-3)中 V_T 值的意义。

第 3 章

生物大分子的理化性质

实验 14 蛋白质的两性性质与等电点的测定

【实验目的】

1. 学习蛋白质的两性性质。
2. 掌握测定蛋白质等电点的方法。

【实验原理】

(1) 蛋白质的两性反应

构成蛋白质的氨基酸，虽然其分子中绝大多数的氨基和羧基缩合形成肽键，但总有一定数量的氨基和羧基呈游离状态。因此，蛋白质也和氨基酸一样是一种两性离子，其在偏酸性溶液中带正电荷，在偏碱性溶液中带负电荷。溶液的酸碱性是相对于蛋白质的等电点（isoelectric point，pI）而言的。

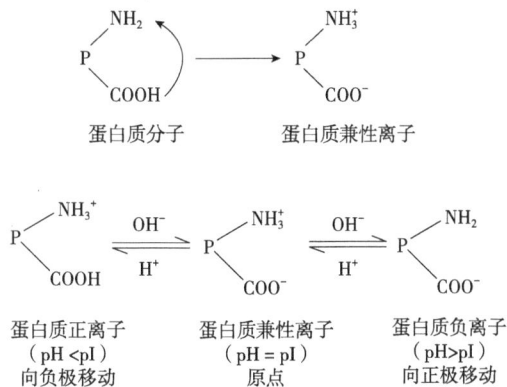

蛋白质分子　　　　　蛋白质兼性离子

蛋白质正离子　　　　蛋白质兼性离子　　　　蛋白质负离子
（pH <pI）　　　　　（pH = pI）　　　　　（pH>pI）
向负极移动　　　　　　原点　　　　　　　向正极移动

调节溶液的 pH 值，使蛋白质分子所带正负电荷相等，此时蛋白质分子在电场中既不向正极移动，也不向负极移动，这时蛋白质所处溶液的 pH 值称为该蛋白质的等电点。

同种蛋白质分子在酸性或碱性溶液中，因都分别带有相同的正电荷或负电荷，所以相互排斥，难以形成沉淀。当蛋白质处于等电点时，其分子净电荷为零，缺乏同种电荷而相互排斥，易于聚集而沉淀下来。

（2）酪蛋白等电点的测定

利用蛋白质在等电点时溶解度最低的特征，配制不同 pH 值的系列缓冲液，通过观察蛋白质在此系列溶液中的沉淀情况，从而确定蛋白质的等电点。

【实验准备】

（1）仪器用具

试管和试管架，滴管，移液管等。

（2）材料与试剂

0.1 mol/L 酪蛋白醋酸钠，0.01% 溴甲酚绿指示剂，0.02 mol/L 盐酸溶液，0.02 mol/L 氢氧化钠溶液，0.1 mol/L 酪蛋白醋酸钠，0.01 mol/L、0.1 mol/L 和 1 mol/L 醋酸溶液等。

【实验步骤】

①取 1 支试管，加入 20 滴 0.1 mol/L 酪蛋白醋酸钠溶液和 4 滴 0.01% 溴甲酚绿指示剂，混匀。

②用滴管慢慢加入 0.02 mol/L 盐酸溶液，边滴边摇，直至有大量的沉淀生成。

③滴入 0.02 mol/L 盐酸溶液，至沉淀消失。

④用 0.02 mol/L 氢氧化钠溶液滴至中和，再次出现沉淀；继续滴入碱液，沉淀再次溶解。

⑤取 4 支干燥试管，按表 3-1 所列剂量分别精确加入各试剂，混匀。

表 3-1　酪蛋白等电点测定　　　　　　　　　　　　　　　　　　　　　　　mL

试管编号	pH 值	蒸馏水	1 mol/L 醋酸溶液	0.1 mol/L 醋酸溶液	0.01 mol/L 醋酸溶液	0.1 mol/L 酪蛋白醋酸钠溶液
1	3.5	2.4	1.6	—	—	1.0
2	4.7	3.0	—	1.0	—	1.0
3	5.3	1.5	—	—	2.5	1.0
4	5.9	3.38	—	—	0.62	1.0

⑥各管加完试剂后摇匀，室温静置 10 min，观察各管内的浑浊度，分别用 0、+、++、+++、++++表示，根据试验结果，指出蛋白质的等电点。

【思考题】

1. 什么是蛋白质的两性性质？为什么蛋白质具有这种性质？

2. 什么是蛋白质的等电点？其与蛋白质的溶解性有何关系？

实验 15　双缩脲法测定未知蛋白浓度

【实验目的】

学习并掌握双缩脲法测定蛋白质浓度的原理和方法。

【实验原理】

双缩脲是 2 分子尿素经 180℃左右加热缩合而成的。在碱性条件下，双缩脲与 Cu^{2+} 形成紫色络合物，称为双缩脲反应。凡是具有两个酰胺基或两个直接连接的肽键，都可以进行双缩脲反应。

蛋白质分子中含有 2 个以上的肽键（—CO—NH—），因此可发生双缩脲反应。在碱性溶液中蛋白质与 Cu^{2+} 形成紫色络合物，在 540 nm 处具有最大吸收值。在一定的浓度范围内，蛋白质浓度与双缩脲反应所呈颜色深浅成正比，而与蛋白质的分子质量无关，可用比色法定量测定。

双缩脲法测定蛋白质的含量范围为 1~10 mg。此方法操作简便快捷，不需要复杂的仪器设备，仅需基本的实验室设备和一些常见的化学试剂即可完成。同时，该方法灵敏度高，能够准确快速地反映样品的蛋白质含量，适用于各种含有蛋白质样品的测定。此外，双缩脲法还具有较好的稳定性和重复性，使实验结果更加可靠。因此，双缩脲法测定蛋白质含量常用于需要快速但并不十分精确的测定。

【实验准备】

（1）仪器用具

可见光分光光度计，恒温水浴锅，大试管和试管架，移液管等。

（2）材料与试剂

4 mg/mL 标准酪蛋白溶液：称取 0.4 g 酪蛋白，溶于少量 0.05 mol/L 氢氧化钠溶液中，加蒸馏水稀释至 100 mL，充分摇匀备用。

双缩脲试剂：由 A 液和 B 液组成。A 液为 0.1 mol/L 的氢氧化钠溶液；B 液为 0.01 mol/L 的硫酸铜溶液。在使用时，先加入 A 液，营造碱性环境，再加入 B 液，形成紫色络合物。

【实验步骤】

（1）绘制标准曲线

取 12 支试管分为两组平行组（1~6 号），分别加入 0、0.2 mL、0.4 mL、0.6 mL、0.8 mL、1.0 mL 的标准酪蛋白溶液，每支试管均用蒸馏水补足至 1 mL，然后加入 4 mL 的双缩脲试剂。充分摇匀后，在 25~30℃恒温水浴锅中放置 30 min，于波长 540 nm 处测定上述各管的吸光度。用未加蛋白质溶液的试管（1 号）作为空白对照。取两组测定吸光度的平均值，以试管所含蛋白质的量（单位：mg）为横坐标、吸光度为纵坐标，绘制标准曲线。

（2）测定吸光度

此操作与步骤（1）同步进行：取 2 支试管分为两组平行组（7 号），分别加入 1 mL 未知浓度的蛋白溶液，然后加入 4 mL 双缩脲试剂。用上述方法测定其吸光度，根据所测定的吸光度在标准曲线上查取相应的蛋白质含量，并求出其浓度。具体操作见表 3-2。

（3）结果计算

①由两个平行组的吸光度 A_1 和 A_2 得出平均值 $\overline{A}_{540}$。

②由 1~6 号管的数据，以蛋白质含量（mg）为横坐标、$\overline{A}_{540}$ 为纵坐标，绘制标准曲线。

表 3-2 双缩脲法测定蛋白质浓度

操作项目	试管编号						
	1	2	3	4	5	6	7
标准酪蛋白溶液/mL	0	0.2	0.4	0.6	0.8	1.0	—
未知蛋白样品/mL	—	—	—	—	—	—	1.0
蒸馏水/mL	1.0	0.8	0.6	0.4	0.2	—	—
双缩脲试剂/mL	4.0	4.0	4.0	4.0	4.0	4.0	4.0
反应条件	各管混匀，25~30℃条件下放置 30 min						
比色	以 1 号试管作为空白对照，测量波长 540 nm 处的吸光度（A_{540}）						
A_1							
A_2							
$\overline{A}_{540}$							

③由未知蛋白样品的 $\overline{A}_{540}$ 从标准曲线中查出蛋白质的含量（mg），计算出未知样品中蛋白质的浓度。

【思考题】

1. 双缩脲法测定蛋白质浓度的实验操作过程中应注意哪些事项？
2. 标准蛋白质浓度梯度和未知蛋白样品浓度测定为什么要同步进行？

实验 16　SDS-PAGE 测定蛋白质相对分子质量

【实验目的】

1. 学习 SDS-PAGE 测定蛋白质相对分子质量的原理。
2. 掌握垂直板电泳的操作方法。
3. 运用 SDS-PAGE 测定蛋白质相对分子质量及染色鉴定。

【实验原理】

带电颗粒在单位电场中泳动的速率称为迁移率或泳动度。迁移率与带电颗粒所带电荷的数量、颗粒大小和形状有关。一般来说，颗粒所带电荷的数量越多，颗粒越小，越接近球形，则迁移率越大。十二烷基硫酸钠（SDS）是一种阴离子去污剂。由于 SDS 带有大量负电荷，当其与蛋白质结合时，所带的负电荷大大超过了蛋白质原有的负电荷，能使不同种类蛋白质均带有相同密度的负电荷，因而消除或掩盖了不同种类蛋白质原有电荷的差异。在蛋白质溶解液中，加入 SDS 和巯基乙醇，由于巯基乙醇具有还原性，因此可使蛋白质分子中的二硫键还原，从而使具有四级结构的蛋白质解聚为单个亚基肽链；SDS 则可使解聚后的氨基酸侧链的氢键、疏水键打开，引起蛋白质构象变化，形成近雪茄形的椭圆棒状蛋白质—SDS 复合物胶束。不同种类蛋白质的蛋白质—SDS 复合物的短轴长度相同，约为 1.8 nm，而长轴长度则与蛋白质的相对分子质量成正比。这样，不同种类蛋白质的蛋白质—SDS 复合物胶束在凝胶电泳中的迁移率不再受蛋白质原有电荷和形状的影响，而仅与椭圆棒的长轴长度（即蛋白质的相对分子质量）有关。蛋白质的相对分子质量越大，迁移率越小。研究表明，当分子质量为 15～200 ku 时，蛋白质相对分子质量的对数与其有效迁移率呈线性关系。

在测定未知蛋白质的相对分子质量时，可选用一组合适的标准蛋白以及适宜的凝胶浓度，与待测蛋白质样品同时进行 SDS-PAGE，然后根据已知相对分子质量蛋白质的电泳迁移率与其相对分子质量的对数作标准曲线，最后根据未知相对分子质量蛋白质的电泳迁移率求得其相对分子质量。单体丙烯酰胺（acrylamide，Acr）和交联剂 N,N-亚甲基双丙烯酰胺（methylene-bisacrylamide，Bis）在加速剂和催化剂的作用下可以聚合联结成具有三维网状结构的凝胶。常用的加速剂为四甲基乙二胺（TEMED），催化剂为过硫酸铵（AP）。

SDS-PAGE 可用于蛋白质纯度检测，在蛋白质纯化过程中，通过电泳图谱观察条带的清晰度和数量，判断目标蛋白是否纯化成功。SDS-PAGE 还可用于蛋白质表达分析，通过比较不同样品中条带的强度和位置，可以分析蛋白质的表达水平和变化。此外，SDS-PAGE 还可结合其他技术（如 Western blot）用于蛋白质的定性和定量分析，通过电泳分离后，蛋白质可转移至膜上，再用特异性抗体进行检测，从而实现对目标蛋白的精准识别和分析。

【实验准备】

（1）仪器用具

电泳仪，垂直电泳槽，电磁炉，电磁炉锅，脱色摇床，移液器，胶头滴管，注射器，直尺等。

（2）材料与试剂

30% Acr-Bis 储备液（29∶1），Tris-HCl 缓冲液（1.5 mol/L，pH 值 8.8），Tris-HCl 缓冲液（0.5 mol/L，pH 值 6.8），10%（w/v）SDS 溶液，电泳缓冲液（Tris-甘氨酸，pH 值 8.3），脱色液（$V_{乙酸}∶V_{甲醇}∶V_{水}=10∶50∶40$），10%（w/v）过硫酸铵溶液（现用现配），四甲基乙二胺（TEMED），0.25 mg/mL 样品蛋白溶液，预染蛋白 Marker，双蒸水等。

考马斯亮蓝染液：称取 1.0 g 考马斯亮蓝 R-250，溶于 250 mL 甲醇，再加入 100 mL 冰醋酸，用双蒸水定容至 1 000 mL。

5×SDS-PAGE 蛋白上样缓冲液：先配制 250 mmol/L Tris-HCl（pH 6.8），称取 3.03 g Tris 粉末，溶于 80 mL 蒸馏水，用 1 mol/L 盐酸溶液调节 pH 值至 6.8，定容至 100 mL。再配制 10 mL 5×蛋白上样缓冲液，取 5.0 mL 250 mmol/L Tirs-HCl 缓冲液（pH 值 6.8），加入 1.0 g SDS（需加热溶解），加入 5.0 mL 甘油、0.5 mL β-巯基乙醇和 5.0 mg 溴酚蓝，用蒸馏水补至 10 mL。

【实验步骤】

（1）安装夹心式垂直板电泳槽

将电泳槽的垂直胶板装好，胶条压紧。注意：安装前，要确保胶条、玻璃板、电泳槽洁净干燥；勿用手接触灌胶面的玻璃。

（2）配胶

根据所测蛋白质分子质量范围，选择适宜的分离胶浓度（表3-3）。本实验采用 SDS-PAGE 不连续系统，按表3-4 配制 12% 的分离胶和 5% 的浓缩胶，加入 TEMED 后立即混匀。

表 3-3　分离胶的浓度

蛋白质相对分子质量	分离胶浓度/%	蛋白质相对分子质量	分离胶浓度/%
$<10^4$	$20\sim30$	$1\times10^5\sim5\times10^5$	$5\sim10$
$1\times10^4\sim4\times10^4$	$15\sim20$	$>5\times10^5$	$2\sim5$
$4\times10^4\sim1\times10^5$	$10\sim15$		

表 3-4　分离胶及浓缩胶的配制　　　　　　　　　　μL

凝胶类型		双蒸水	Tris-HCl 缓冲液（1.5 mol/L，pH 值8.8）	Tris-HCl 缓冲液（0.5 mol/L，pH 值6.8）	10%SDS 溶液	30%Acr-Bis 储备液	10%过硫酸铵 溶液	TEMED
分离胶浓度	20%	0.75	2.5	—	0.1	6.6	50	5
	15%	2.35	2.5	—	0.1	5.0	50	5
	12%	3.35	2.5	—	0.1	4.0	50	5
	10%	4.05	2.5	—	0.1	3.3	50	5
	7.5%	4.85	2.5	—	0.1	2.5	50	5
浓缩胶浓度	5%	2.92	—	1.25	0.05	0.8	25	5

（3）分离胶制备

按表3-4 配制 12% 分离胶，混匀后用胶头滴管将凝胶加至长、短玻璃板间的缝隙内，高约 8 cm（留约 1 cm），用 1 mL 注射器吸取少许蒸馏水，沿长玻璃板板壁缓慢注入，高 3~4 mm，以进行水封。30~60 min 后，当凝胶与水封层间出现不同折射率的界限时，表示凝胶完全聚合。倒去水封层的蒸馏水，用滤纸条吸去多余水分。

（4）浓缩胶的制备

按表3-4 配制 5% 浓缩胶，混匀后用胶头滴管将浓缩胶加至已聚合的分离胶上方，直至距短玻璃板上缘约 0.5 cm 处，轻轻将样品槽梳齿（模板）插入浓缩胶内，避免带入气泡。约 30 min 后凝胶聚合。

（5）样品制备

按照表3-5 制备 4 种不同浓度（a~d）的蛋白上样溶液，混匀，在沸水浴中加热 5 min，冷却至室温备用，将制备的胶板转移至电泳槽中，加入上下槽电泳缓冲液，上电极缓冲液应没过梳齿孔，小心拔去梳齿，观察是否有气泡产生，在第二加样孔加入 5 μL 的预染蛋白 Marker，在第三至第六孔中分别加入 20 μL 上述蛋白质样品。

表 3-5　不同浓度的蛋白上样缓冲液配制　　　　　　　　　μL

孔号	BSA 溶液	双蒸水	上样缓冲液
a	10	70	20
b	20	60	20
c	40	40	20
d	80	0	20

（6）电泳

接上电泳仪，上电极接电源负极，下电极接电源的正极，打开电泳仪，调节电压至 120 V，开始电泳，待蓝色的溴酚蓝条带迁移至距凝胶下端 1 cm 处时停止电泳，小心取出胶板，将凝胶剥离胶板，切去浓缩胶及多余部分，将凝胶转移至培养皿中。

（7）染色与脱色

加入考马斯亮蓝染液，摇床上染色 60 min。染色结束后，将凝胶放入装有脱色液的培养皿中，数小时更换一次脱色液，直至背景清晰。

（8）结果分析

用直尺分别量出标准蛋白质、待测蛋白质以及溴酚蓝条带中心至分离胶顶端的距离，按式(3-1)计算相对迁移率：

$$相对迁移率 = 样品迁移距离 / 染液迁移距离 \tag{3-1}$$

以标准蛋白质相对分子质量的对数为纵坐标、相对迁移率为横坐标绘制标准曲线，根据标准蛋白质的迁移率，在标准曲线上查得其相对分子质量。

【思考题】

1. 如果发现电泳后蛋白条带模糊不清或呈弥散状，将如何改进实验条件？
2. 为什么在凝胶上方进行水封？
3. 5×SDS-PAGE 蛋白上样缓冲液中溴酚蓝的作用是什么？为什么要在沸水浴中加热 5 min？
4. 在 SDS-PAGE 电泳中，为什么要排出凝胶底部两玻璃板之间的气泡？

实验 17　蛋白质印迹（Western blot）表达分析

【实验目的】

1. 学习并掌握 Western blot 的原理和方法。
2. 了解 Western blot 的应用。

【实验原理】

Western blot 是一种用于分离和鉴定蛋白质的技术，它利用 SDS-PAGE 电泳分离样品中的蛋白质，然后将分离后的蛋白质转移至某种固相载体，如聚偏氟乙烯膜（PVDF）或硝酸纤维素膜（NC），固相载体能以非共价键形式吸附蛋白质，同时能保持电泳分离的多肽类型及其生物学活性不变(图 3-1)。以固相载体上的蛋白质或多肽作为抗原，使用特异性一抗进行免疫反应孵育(即进行抗体—抗原免疫结合反应)，再孵育已经带有过氧化物酶的二抗，经过底物显色来检测电泳分离的目的基因表达的特异蛋白成分。一抗为抗目的蛋白的特异性抗体，二抗为 anti 一抗种属的抗体。例如，一抗为 anti-actin 的鼠源 IgG(mouse IgG)抗体，二抗就为 HRP-goat-anti-mouse IgG，即其他种属的抗鼠抗体，并且偶联辣根过氧化物酶 HRP 用于与底物反应发光。

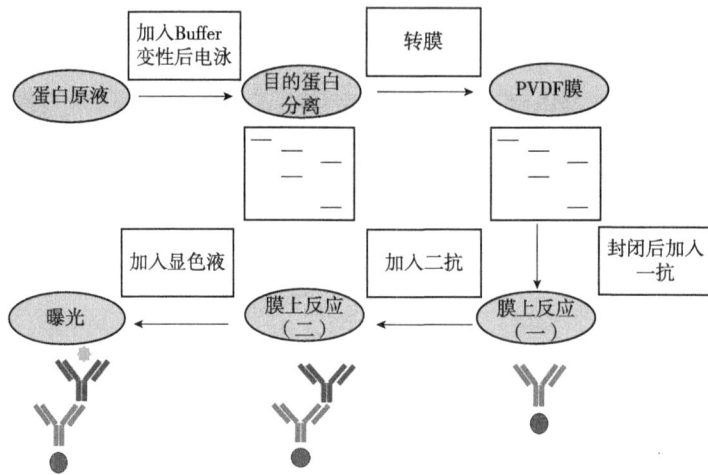

图 3-1　Western blot 实验原理示意

由于抗体仅与目标蛋白质结合，因此一般仅能观察到一条清晰的条带，检测到的目标条带越粗，表明目标蛋白的丰度越高。通过分析特定反应的位置和强度，可以获得目标蛋白在样品中的表达信息。由于凝胶电泳的高分辨率以及免疫的强特异性和高灵敏度，Western blot 分析可检测低至 1 ng 的靶蛋白，故该方法广泛应用于分子生物学、生物化学、免疫遗传学等分子生物学研究领域。

【实验准备】

(1)仪器用具

全自动化学发光成像系统，摇床，电泳仪，电泳槽，转膜槽，转膜夹，制胶板，计时器，移液器，滴管，PVDF 膜，海绵，滤纸，离心管等。

(2)材料与试剂

10 日龄野生型拟南芥幼苗、10 日龄稳定表达融合标签蛋白的转基因拟南芥幼苗(如 35Spro：X-FLAG 转基因拟南芥，35Spro 为 35S 启动子，X-FLAG 为任意 X 蛋白融合 FLAG 标签蛋白的融合蛋白)。

1.5 mol/L Tris-HCl 缓冲液(pH 值 8.8)：称取 45.4 g 三(羟甲基)氨基甲烷，用盐酸溶液调节 pH 值至 8.8，加入蒸馏水充分溶解并定容至 250 mL。

1 mol/L Tris-HCl 缓冲液(pH 值 6.8)：称取 30.3 g Tris，用浓盐酸调节 pH 值至 6.8，加入蒸馏水充分溶解并定容至 250 mL。

30% Acr-Bis 储备液(29:1)：称取 145 g 丙烯酰胺、5 g N,N'-亚甲基双丙烯酰胺，加入蒸馏水充分溶解并定容至 500 mL。

Omni-Easy™ 一步法 PAGE 凝胶快速制备试剂盒：按说明书配方配制。

5×SDS-PAGE 上样缓冲液：量取 6 mL pH 值 6.8 1 mol/L Tris-HCl 缓冲液、4 mL 甘油，称取 1.2 mg 溴酚蓝，充分混匀，离心，每管 1 mL 分装，置于 20℃ 冰箱保存。

10×Lumini Buffer：称取 15.1 g Tris、94 g 甘氨酸，加入蒸馏水充分溶解并定容至 1 000 mL，用 Tris 调节 pH 值至 8.8，高温灭菌后室温保存（60 d 有效）。

10% SDS 溶液：称取 40 g 十二烷基硫酸钠加蒸馏水溶解，定容至 400 mL。

SDS-Page Running Buffer：量取 100 mL 10×Lumini Buffer，加入 50 mL 10% SDS 溶液，加入蒸馏水溶解，定容至 1 000 mL。

转膜缓冲液：量取 100 mL 10×Lumini Buffer，先加入 10 mL 10% SDS 溶液、200 mL 甲醇，再加入 600 mL 蒸馏水充分混匀。

TBS：称取 6.05 g Tris、5.84 g 氯化钠，加入蒸馏水充分溶解并定容至 1 000 mL，用浓盐酸调节 pH 值至 7.6。

TBST：每 1 000 mL TBS 加入 1 mL Tween-20，混匀，置于 4℃ 冰箱保存（7 d 有效）。

TBST-5% Milk：量取 50 mL TBST，加入 2.5 g 脱脂奶粉，充分混匀，置于 4℃ 冰箱保存（7 d 有效）。

1×无蛋白快速封闭液：按说明书配方配制。

显色液：吸取 WB Solution A、WB Solution B 各 1 mL 于 2 mL 离心管中混匀，现配现用。

考马斯亮蓝染液：40 mL 乙酸、180 mL 甲醇、1 g 考马斯亮蓝 R-250 充分混匀，加蒸馏水定容至 400 mL。

WB 脱色液：120 mL 无水乙醇、40 mL 乙酸、180 mL 蒸馏水，充分混匀。

蛋白 Marker：蛋白标准分子量，如 Blue Plus Ⅱ Protein Marker（14~120 ku）预染蛋白 Marker（DM111-02）。

【实验步骤】

（1）配制分离胶和浓缩胶

①安装制胶板。检查确保两块制胶板下缘平齐且均无破损，安装时内长外短，先压实制胶板并将其装入垂直制胶架，再将其卡入垂直制胶架固定架。注意：为防止凝胶变形漏液，不要过分用力下压，并确保卡稳。卡稳后检查气密性，加入双蒸水至顶沿，静置约 3 min，若水位无明显下降，说明气密性良好。将双蒸水倒出，并用纸巾尽量吸干制胶板。

②配制分离胶。用 50 mL 离心管按照所需量（对照配方，表 3-6 和表 3-7）配制。用 1 mL 移液器吸取后沿凝胶侧角加入，每块分离胶约 7.5 mL，（匀速加入，枪头中最后一点胶液不要加入，以防产生气泡），加完后（胶液面与垂直制胶架白底平行），静置约 3 min，加入 1 mL 蒸馏水或异丙醇（沿着凝胶口左右移动匀速加），平齐胶液面，静置约 1 h，将蒸馏水沿边缘倒出，用纸巾吸干水分。

表 3-6　SDS-PAGE 分离胶浓度与分离蛋白分子质量范围对照表

分离胶浓度/%	分离蛋白分子质量/ku	分离胶浓度/%	分离蛋白分子质量/ku
6	50~150	12	12~60
8	30~90	15	10~40
10	20~80		

注：需根据目的蛋白的分子质量选择合适的分离胶（下层胶）浓度

表 3-7 SDS-PAGE 分离胶配方　　　　　　　　　　　　　　　　　mL

成分	配制不同体积6%分离胶所需各成分的体积					
	5	10	15	20	30	50
蒸馏水	2.0	4.0	6.0	8.0	12.0	20.0
30%Acr-Bis 储备液(29∶1)	1.0	2.0	3.0	4.0	6.0	10.0
1 mol/L Tris-HCl 缓冲液, pH 值8.8	1.9	3.8	5.7	7.6	11.4	19.0
10%SDS 溶液	0.05	0.10	0.15	0.20	0.30	0.50
10%过硫酸铵溶液	0.05	0.10	0.15	0.20	0.30	0.50
TEMED	0.004	0.008	0.012	0.016	0.024	0.040

成分	配制不同体积8%分离胶所需各成分的体积					
	5	10	15	20	30	50
蒸馏水	1.7	3.3	5.0	6.7	10.0	16.7
30%Acr-Bis 储备液(29∶1)	1.3	2.7	4.0	5.3	8.0	13.3
1 mol/L Tris-HCl 缓冲液, pH 值8.8	1.9	3.8	5.7	7.6	11.4	19.0
10%SDS 溶液	0.05	0.10	0.15	0.20	0.30	0.50
10%过硫酸铵溶液	0.05	0.10	0.15	0.20	0.30	0.50
TEMED	0.003	0.006	0.009	0.012	0.018	0.030

成分	配制不同体积10%分离胶所需各成分的体积					
	5	10	15	20	30	50
蒸馏水	1.3	2.7	4.0	5.3	8.0	13.3
30%Acr-Bis 储备液(29∶1)	1.7	3.3	5.0	6.7	10.0	16.7
1 mol/L Tris-HCl 缓冲液, pH 值8.8	1.9	3.8	5.7	7.6	11.4	19.0
10%SDS 溶液	0.05	0.10	0.15	0.20	0.30	0.50
10%过硫酸铵溶液	0.05	0.10	0.15	0.20	0.30	0.50
TEMED	0.002	0.004	0.006	0.008	0.012	0.02

成分	配制不同体积12%分离胶所需各成分的体积					
	5	10	15	20	30	50
蒸馏水	1.0	2.0	3.0	4.0	6.0	10.0
30% Acr-Bis 储备液(29∶1)	2.0	4.0	6.0	8.0	12.0	20.0
1 mol/L Tris-HCl 缓冲液, pH 值8.8	1.9	3.8	5.7	7.6	11.4	19.0
10% SDS 溶液	0.05	0.10	0.15	0.20	0.30	0.50
10%过硫酸铵溶液	0.05	0.10	0.15	0.20	0.30	0.50
TEMED	0.002	0.004	0.006	0.008	0.012	0.020

成分	配制不同体积15%分离胶所需各成分的体积					
	5	10	15	20	30	50
蒸馏水	0.5	1.0	1.5	2.0	3.0	5.0
30%Acr-Bis 储备液(29∶1)	2.5	5.0	7.5	10.0	15.0	25.0
1 mol/L Tris-HCl 缓冲液, pH 值8.8	1.9	3.8	5.7	7.6	11.4	19.0
10%SDS 溶液	0.05	0.10	0.15	0.20	0.30	0.50
10%过硫酸铵溶液	0.05	0.10	0.15	0.20	0.30	0.50
TEMED	0.002	0.004	0.006	0.008	0.012	0.020

注: 过硫酸铵溶液和 TEMED 最后加入, TEMED 加入后需在 5 min 内注入胶板, 否则就会凝固;10%过硫酸铵溶液需现配现用, 保质期小于 7 d。

③配制浓缩胶。用 15 mL 离心管按照所需量配制(表3-8), 加满至胶板顶沿(每块浓缩胶约 2.5 mL), 立即插入齿梳(按住两头平行插入制胶板中间), 静置 1 h 后收胶。收胶时, 同样也拉住齿梳两端平行拔出, 将两块胶板连同制好的胶从模具中取出, 先用小水流冲洗胶板, 然后缓慢将胶孔端抬起, 使胶板中的气泡排出, 用水浸湿纸巾, 将胶板包住, 放入

表 3-8 SDS-PAGE 浓缩胶配方 mL

成分	配制不同体积浓缩胶所需各成分的体积					
5%浓缩胶	2	3	4	6	8	10
蒸馏水	1.4	2.1	2.7	4.1	5.5	6.8
30%Acr-Bis 储备液（29：1）	0.33	0.50	0.67	1.00	1.30	1.70
1 mol/L Tris-HCl 缓冲液, pH 值8.8	0.25	0.38	0.50	0.75	1.00	1.25
10%SDS 溶液	0.02	0.03	0.04	0.06	0.08	0.10
10%过硫酸铵溶液	0.02	0.03	0.04	0.06	0.08	0.10
TEMED	0.002	0.003	0.004	0.006	0.008	0.010

密封袋，置于4℃冰箱保存，可保存7 d。

除了上述所采用的传统配胶方法，本实验室采用 Omni-Easy™ 一步法 PAGE 凝胶快速制备试剂盒，制胶流程如下（分别以0.75 mm、1.0 mm 或1.5 mm 的 Mini 胶为例，表3-9）。

表 3-9 Omni-Easy™ 一步法 PAGE 凝胶制备配方

下层胶配方				上层胶配方			
凝胶厚度/ mm	下层胶溶液/ mL	下层胶缓冲液/ mL	改良型促凝剂/ μL	凝胶厚度/ mm	上层胶溶液/ mL	上层胶缓冲液/ mL	改良型促凝剂/ μL
0.70	2.0	2.0	40	0.75	0.50	0.50	10
1.00	2.7	2.7	60	1.00	0.75	0.75	15
1.50	4.0	4.0	80	1.50	1.00	1.00	20

a. 取等体积下层胶溶液和下层胶缓冲液各2.0 mL、2.7 mL 或4.0 mL，混匀。

b. 取等体积上层胶溶液和彩色上层胶缓冲液各0.5 mL、0.75 mL 或1.0 mL，混匀。注意：由于染料的特殊理化性质，使用前应摇匀。

c. 向步骤a 的混合溶液中加入40 μL、60 μL 或80 μL 改良型促凝剂，轻轻混匀，将混匀后的溶液注入制胶板，使液面和短玻璃板上沿之间的距离比齿梳长0.5 cm 即可。注意：此溶液为过量，请勿全部注入；加入改良型促凝剂后，需轻柔混匀，防止过多空气混入胶溶液，抑制凝胶聚合。

d. 向步骤b 的混合溶液中加入10 μL、15 μL 或20 μL 改良型促凝剂，轻轻混匀，无须等待下层胶凝固即可将混匀后的溶液轻缓注入制胶板，插入齿梳。注意：灌注上层胶溶液一定要轻缓，避免将上层胶溶液冲入下层胶；加入改良型促凝剂后，需轻柔混匀，防止过多空气混入胶溶液，抑制凝胶聚合。

e. 待胶凝固后（约15 min），拔去齿梳即可用于电泳。注意：尽量使用新鲜配制的电泳缓冲液；胶凝固后上下层胶分界线平整度略弱于传统方法，但对后续电泳没有影响。

（2）加样

用移液器将10 μL 蛋白样品（蛋白样品配比：蛋白原液：5×SDS Loading Buffer=4：1，混匀后95℃煮样10 min）分别加进各个泳道，其中一泳道加入5 μL 的蛋白 Marker（可用1×SDS Loading Buffer 补至与相邻泳道相同体积）。

（3）电泳

①安装电泳装置。将胶连同制胶板从架子上取下装进电泳内槽，加样面向内，将内槽

放入电泳外槽，内槽加满电泳液（电泳液提前置于 80℃左右烘箱加热，防止 SDS 沉淀），外槽加入电泳液至内槽约 1/3 高度处（外槽有相应的刻度标识），静置 5 min，观察液面是否下降，若下降，则需要重新安装。

②上样、电泳。用 10 μL 加样枪将制备好蛋白样品分别缓慢加入各个泳道，其中最左侧泳道加入 5 μL 蛋白 Marker（可用 1×SDS Loading Buffer 补至和相邻泳道相同体积）。接通电源，先用 50~85 V 的低电压使样品通过浓缩胶，30 min 后当蛋白 Marker 到达分离胶后再将电压调至 100~130 V，直至溴酚蓝到达胶的底部（历时约 1.5 h），关闭电源停止电泳。

（4）转膜（以湿转为例）

①准备转膜缓冲液。将提前配制好转移缓冲液预冷至 4℃。

②准备 PVDF 膜和滤纸。将 PVDF 膜在甲醇中浸泡 30 s（从不透明变为半透明），然后用双蒸水冲洗膜表面，最后将膜和滤纸放入转膜缓冲液。

③处理凝胶。轻轻撬开制胶板，切掉浓缩胶和周围不需要的区域。将凝胶放入转膜缓冲液，确保胶的完整性。

④制备转膜"三明治"。"三明治"夹套的黑色面向下、透明面（或红色面）朝上打开，放置在干净的桌面上。从下依次往上放置海绵、滤纸、凝胶、PVDF 膜、滤纸、海绵。确保每一层之间都没有气泡，可以在放置最上层海绵前使用滚轮轻轻滚动，以去除气泡。

⑤转膜。将夹套插入转移电泳芯中，确保黑色板朝向黑色板。然后将转移电泳芯放入转膜槽中，加入充足的转膜缓冲液，确保夹套完全浸没在缓冲液中。设置转膜电流为恒流（220 mA），根据蛋白大小不同设置转膜时间（一般 30 ku 以下转膜 30 min，30~70 ku 转膜 60~90 min，70~150 ku 转膜 90~180 min）。

（5）封闭

将转膜成功的 PVDF 膜取下（与胶接触的一面朝上摆放，Maker 侧为左侧），放入小盒子中，立即倒入 TBST，在摇床上清洗，5 min 清洗 1 次，清洗 3 次。清洗完成，在小盒子中倒入 TBST+5%Milk，放在摇床上进行 2 h 封闭（常温>18℃）。

除了上述用 TBST+5%Milk 封闭外，本实验使用是 1×无蛋白快速封闭液，使用说明如下：

①完成转膜后，将 PVDF 膜放入小盒子中，加入 10~20 mL 无蛋白快速封闭液，置于摇床轻轻摇动，室温封闭约 10 min（现配即用）。注意：使用本品通常封闭 5~15 min；经多种抗体的测试，封闭 10 min 的效果显著优于常规的 BSA 封闭 1 h。对于一些背景非常高的抗体，可以尝试将封闭时间延长 30~60 min。如有特殊需要，也可 4℃封闭过夜。

②封闭后的膜即可用于一抗孵育等后续实验。

（6）一抗

按照抗体说明的推荐浓度向密封袋中加入对应体积的 TBST+5%Milk 和一抗（鼠 IgG 抗体 anti-FLAG）进行稀释（稀释比例：TBST+5%Milk：anti-FLAG＝1：2 000），混匀。用镊子将 PVDF 膜放入袋子中，尽量将气泡排尽，摇床上孵育 1.5 h 或 4℃过夜。一抗结束后，TBST 清洗，每 10 min 清洗 1 次，至少清洗 3 次。

（7）二抗

明确一抗所对应的二抗（HPR-羊抗鼠 IgG），按照抗体说明的推荐浓度往密封袋中加入对应体积的 TBST＋5%Milk 和二抗进行稀释（稀释比例：TBST＋5%Milk：HRP-goat-anti-mouse IgG＝1：7 000），混匀。用镊子将 PVDF 膜放入袋子中，尽量将气泡排尽，摇床上孵育 1~2 h。二抗结束后，TBST 清洗，每 10 min 清洗 1 次，至少清洗 3 次。

(8) 发光显影

①提前 20 min 打开机器预冷，先打开全自动化学发光成像系统，再连接计算机，依次点击图标"AⅡDOc-X"→"发光成像"（待机器温度降至–30℃才能使用）（图 3-2）。

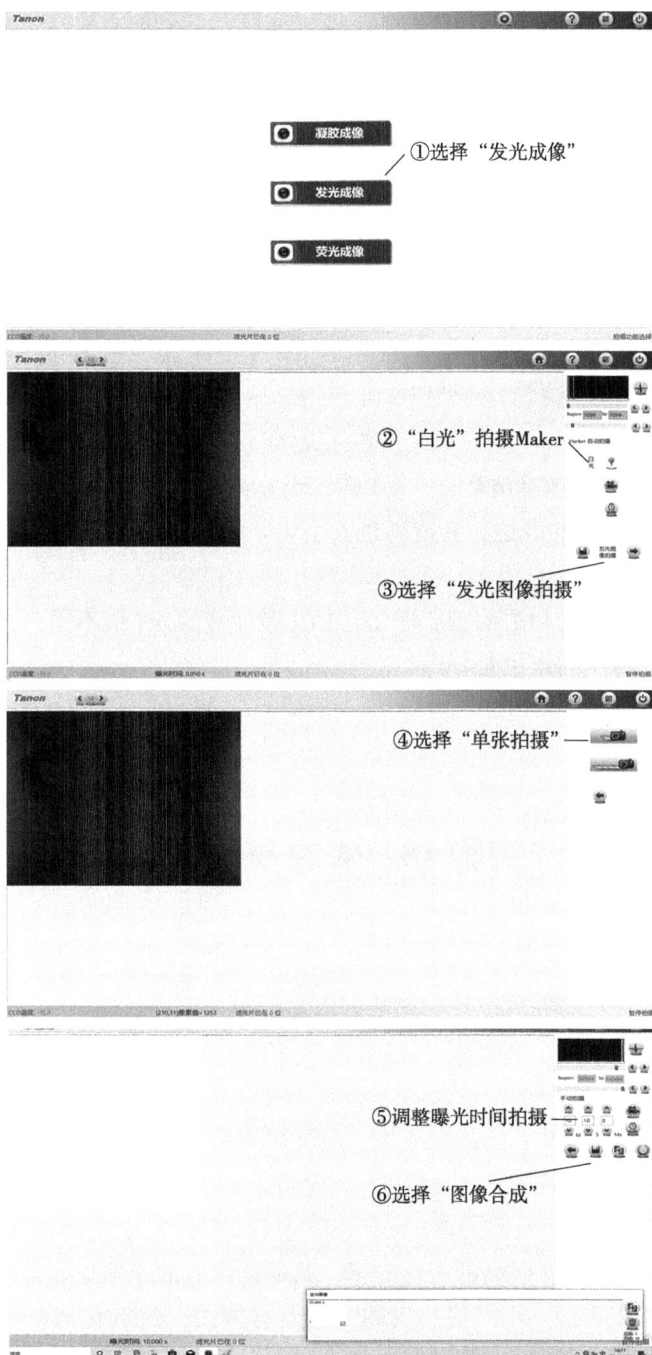

图 3-2　发光成像操作步骤

②将 PVDF 膜平铺在黑板中央（不要有气泡），将显色液从左到右均匀滴在膜上（显色液有时效性，需立即拍照观察）。

③"白光"拍蛋白 Marker→"单张拍摄"→曝光调 10 s、30 s、60 s、90 s、100 s（从小到大），根据实际情况可延长至 10 min。

④再选择"图像合成"，选择曝光照片（选中变红），将蛋白 Marker 和蛋白印迹合成为一张图片，保存图像。

（9）考马斯亮蓝染色

①取膜至小盒子中，加染色液浸没，摇床染色 10~15 min。

②加脱色液，15 min 更换一次，直至 PVDF 膜不是深蓝色。

③脱色后，选择"凝胶成像"，先直接拍一张白光，再调整曝光时间，背景最后拍一张"伪彩合成"。

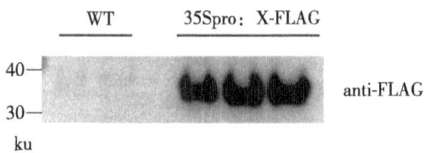

图 3-3　Western blot 实验结果

（10）图像观察

如图 3-3 所示，野生型（WT）中没有表达 FLAG 融合蛋白，使用 anti-FLAG 抗体进行的 Western blot 实验中没有检测到蛋白显色条带。而 3 株 35Spro：X-FLAG 转基因植物样品，均检测到 FLAG 融合蛋白 X-FLAG 的表达，有清晰且大小均一的 X-FLAG 蛋白显色条带。

【思考题】

1. 为什么配制分离胶和浓缩胶所需 Tris-HCl 缓冲液的 pH 值不同？

2. 本实验中，封闭的作用是什么？

实验 18　酶的基本特性

【实验目的】

1. 掌握环境条件对酶促反应速率影响的因素。

2. 学习验证酶基本特性的方法。

【实验原理】

本实验分为酶的高效性、酶的专一性、温度对酶活力的影响、pH 值对酶活力的影响、酶的激活与抑制 5 个子实验。

（1）酶的高效性

酶是生物催化剂，具有极高的催化效率，其催化反应的速率比非催化反应高 10^8~10^{20} 倍，比非生物催化剂高 10^7~10^{13} 倍。例如，在生物体内，过氧化氢酶能够催化过氧化氢（H_2O_2）快速水解成 H_2O 和 O_2，使过氧化氢不至于在体内大量积累。铁粉也是过氧化氢分解反应的催化剂，但其催化效率仅为过氧化氢酶的 $1/10^{12}$~$1/10^{10}$。

(2) 酶的专一性

酶具有高度的专一性，本实验以唾液淀粉酶和蔗糖酶对淀粉和蔗糖的作用为例，来验证酶的专一性。淀粉和蔗糖无还原性，唾液淀粉酶水解淀粉生成有还原性的麦芽糖，但不能催化蔗糖的水解；蔗糖酶能催化蔗糖水解，产生还原性葡萄糖和果糖，但不能催化淀粉水解。用本乃狄试剂检查糖的还原性。

(3) 温度对酶活力的影响

酶的催化作用受温度影响。温度降低时，酶促反应速率降低以至完全停止；随着温度升高，反应速率逐渐加快。在某一温度时反应速率达最大值，此温度称为酶作用的最适温度。温度继续升高，反应速率反而下降。人体内大多数酶的最适温度在 37℃ 左右。酶对温度的稳定性与其存在形式有关。例如，有些酶的干燥制剂，虽加热到 100℃，但活力并无明显改变，但在 100℃ 的溶液中却很快完全失去活力。低温能降低酶或抑制酶的活力，但不能使酶失活。

淀粉的水解程度与碘显色反应之间存在特定的颜色变化规律，这一现象可用于判断淀粉水解的不同阶段。淀粉水解过程中，大分子逐渐断裂为小片段，碘显色随片段长度变化：深蓝色(未水解淀粉)、蓝紫色至红棕色(部分水解)、红色至棕色(中等水解)、不显色或淡黄色(高度水解)、无色(完全水解)。因此，通过观察水解混合物与碘反应呈现的颜色特征，即可判断不同温度下淀粉的水解程度。

(4) pH 值对酶活力的影响

酶活力受环境 pH 值的影响极为显著。由于酶本身是蛋白质，pH 值不仅影响酶蛋白分子某些基团的解离程度，也影响底物的解离程度，从而影响酶与底物的结合。酶促反应速率达最大值时的溶液 pH 值，称为该酶的最适 pH 值。不同酶的最适 pH 值不尽相同，人体内多数酶的最适 pH 值在 7.0 左右。例如，唾液淀粉酶的最适 pH 值约为 6.8。因此，通过观察不同 pH 值条件下水解混合物与碘反应呈现的颜色特征，判断淀粉的水解程度。

(5) 唾液淀粉酶的激活与抑制

酶活力受激活剂或抑制剂的影响，凡能够提高酶活力，加快酶促反应速率的物质都称为酶的激活剂。例如，Cl^- 是唾液淀粉酶的激活剂。凡是能够降低酶的活力，使酶促反应速率减慢，又不使酶变性的物质称为酶的抑制剂。例如，Cu^{2+} 是唾液淀粉酶的抑制剂。因此，通过观察加入激活剂或抑制剂后水解混合物与碘反应呈现的颜色特征，判断淀粉的水解程度。

【实验准备】

(1) 仪器用具

恒温水浴锅，电热板或电炉，试管，移液管，白瓷板，滴管等。

(2) 材料与试剂

铁粉，马铃薯，酵母，2% 双氧水(现配现用)，1% 硫酸铜溶液，1% 氯化钠溶液，2% 蔗糖溶液。

0.1% 淀粉溶液：称取 0.1 g 淀粉，以 5 mL 蒸馏水悬浮，慢慢倒入 60 mL 煮沸的蒸馏水中，沸煮 1 min，冷却至室温，加水至 100 mL，置于 4℃ 冰箱保存。

1%淀粉溶液：称取 1 g 淀粉，用 5 mL 蒸馏水悬浮，慢慢倒入 60 mL 煮沸的蒸馏水中，沸煮 1 min，冷却至室温，加蒸馏水至 100 mL，置于 4℃冰箱保存。

本乃狄试剂：称取 17.3 g 五水硫酸铜（$CuSO_4 \cdot 5H_2O$），加入 100 mL 蒸馏水加热溶解，冷却；称取 173 g 柠檬酸钠和 100 g 碳酸钠（$Na_2CO_3 \cdot 2H_2O$），加入 600 mL 蒸馏水加热溶解，冷却后将1%硫酸铜溶液慢慢加入柠檬酸钠—碳酸钠溶液中，边加边搅匀，最后定容至 1 000 mL。如有沉淀可过滤除去。此试剂可长期保存。

碘液：称取 3 g 碘化钾溶于 5 mL 蒸馏水中，加 1 g 碘，溶解后再加入 295 mL 蒸馏水，混匀，保存于棕色瓶中。

磷酸缓冲液：各种规格的磷酸缓冲液由 A 液和 B 液按比例配制而成。A 液为 0.2 mol/L 磷酸氢二钠（Na_2HPO_4）溶液，称取 28.40 g 磷酸氢二钠或 71.64 g 十二水磷酸氢二钠（$Na_2HPO_4 \cdot 12H_2O$）溶于 1 000 mL 蒸馏水；B 液为 0.1 mol/L 柠檬酸溶液，称取 21.01 g 柠檬酸（$C_6H_8O_7 \cdot H_2O$）溶于 1 000 mL 蒸馏水。pH 值 5.0 缓冲液的配制方法为 10.30 mL A 液+9.70 mL B 液；pH 值 7.0 缓冲液的配制方法为 16.47 mL A 液+3.53 mL B 液；pH 值 8.0 缓冲液的配制方法为 19.45 mL A 液+0.55 mL B 液。

唾液淀粉酶溶液：先用蒸馏水漱口，清除食物残渣。再含 10 mL 蒸馏水于口中，轻轻漱动，2 min 后吐出收集在烧杯中，即得清澈的唾液淀粉酶原液，根据酶活力稀释相应倍数，即为唾液淀粉酶溶液。

蔗糖酶溶液：取 1 g 鲜酵母或干酵母放入研钵中，加入少量石英砂和蒸馏水研磨，加入 50 mL 蒸馏水，静置片刻，过滤即得蔗糖酶溶液。

【实验步骤】

(1) 酶的高效性

将马铃薯去皮切成米粒大小的小块，取 3 支干净试管，按照表 3-10 所列项目进行操作。

表 3-10　过氧化氢酶催化的高效性

操作项目	试管编号		
	1	2	3
2%双氧水/mL	3.0	3.0	3.0
马铃薯小块(块)	3		
铁粉		一小匙(约 50 mg)	
实验现象			
解释实验现象			

(2) 酶催化专一性测定

取 6 支干净试管，按表 3-11 所列项目进行操作。

表 3-11　酶催化专一性测定　　　　　　　　　　　　　　　　mL

操作项目	试管编号					
	1	2	3	4	5	6
1%淀粉溶液	1.0	1.0	0.0	0.0	1.0	0.0

（续）

操作项目	试管编号					
	1	2	3	4	5	6
2%蔗糖溶液	0.0	0.0	1.0	1.0	0.0	1.0
唾液淀粉酶溶液	1.0	0.0	1.0	0.0	0.0	0.0
蔗糖酶溶液	0.0	1.0	0.0	1.0	0.0	0.0
蒸馏水	0.0	0.0	0.0	0.0	1.0	1.0
酶促水解	摇匀，37℃水浴中保温 10 min					
本乃狄试剂	2.0	2.0	2.0	2.0	2.0	2.0
反应条件	摇匀，沸水浴中加热 10 min					
实验现象						
解释实验现象						

（3）温度对酶活力的影响

取 3 支干净试管，按表 3-12 所列项目进行操作。

表 3-12　温度对酶活力的影响

操作项目	试管编号		
	1	2	3
唾液淀粉酶溶液/mL	1.0	1.0	1.0
pH 值 7.0 磷酸缓冲液/mL	2.0	2.0	2.0
5 min 预处理温度/℃	0	37	100
1%淀粉溶液/mL	1.0	1.0	1.0
检查淀粉水解程度	摇匀，保持各自温度继续反应 1 min 后，每隔 30 s 从 2 号试管吸取 1 滴反应液于白瓷板上，用碘液检查淀粉的水解情况，直至反应液不变色(仅呈现碘液的颜色)，取出所有试管，冷却后各加 1 滴碘液，混匀		
实验现象			
解释实验现象			

（4）pH 值对酶活力的影响

取 3 支干净试管，按表 3-13 所列项目进行操作。

表 3-13　pH 值对酶活力的影响　　　　　　　　　　　　　　mL

操作项目	试管编号		
	1	2	3
pH 值 5.0 磷酸缓冲液	3.0	0.0	0.0
pH 值 7.0 磷酸缓冲液	0.0	3.0	0.0
pH 值 8.0 磷酸缓冲液	0.0	0.0	3.0
1%淀粉溶液	1.0	1.0	1.0
预保温	摇匀，37℃水浴中保温 2 min		

(续)

操作项目	试管编号		
	1	2	3
唾液淀粉酶溶液	1.0	1.0	1.0
检查淀粉水解程度	摇匀，置37℃水浴中继续反应1 min后，每隔30 s从2号试管吸取1滴反应液于白瓷板上，用碘液检查淀粉的水解情况，直至反应液不变色(仅呈现碘液的颜色)，取出所有试管，冷却后各加1滴碘液，混匀		
实验现象			
解释实验现象			

(5)抑制剂和激活剂对酶活力的影响

取3支干净试管，按表3-14所列项目进行操作。

表3-14　抑制剂和激活剂对酶活力的影响　　　　　　　　　　mL

操作项目	试管编号		
	1	2	3
1%氯化钠溶液	1.0	0	0
1%硫酸铜溶液	0	1.0	0
蒸馏水	0	0	1.0
唾液淀粉酶溶液	1.0	1.0	1.0
0.1%淀粉溶液	3.0	3.0	3.0
检查淀粉水解程度	摇匀，置37℃水浴中继续反应1 min后，每隔30 s从1号试管吸取1滴反应液于白瓷板上，用碘液检查淀粉的水解情况，直至反应液不变色(仅呈现碘液的颜色)，取出所有试管，冷却后各加1滴碘液，混匀		
实验现象			
解释实验现象			

【思考题】

1. 影响酶促反应速率的因素有哪些？
2. 如何制备唾液淀粉酶原液？

实验 19　多酚氧化酶的制备与催化性质

【实验目的】

1. 学习从组织细胞中制备酶的方法。
2. 掌握多酚氧化酶的作用及各种因素对其作用的影响。

【实验原理】

多酚氧化酶是一种含铜的酶，其最适 pH 值为 6.0~7.0。由多酚氧化酶催化的反应，如以邻苯二酚为底物，可以被氧化形成邻苯醌。以儿茶酚的氧化为例：

由多酚氧化酶催化的氧化还原反应可通过溶液的颜色的变化鉴定，该反应在自然界中是常见的，如去皮的马铃薯和水果变成褐色就是该酶作用的结果。

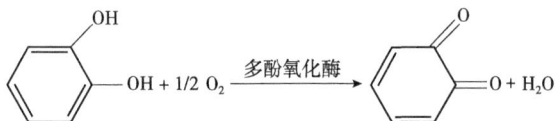

多酚氧化酶的最适底物是邻苯二酚（儿茶酚）。间苯二酚和对苯二酚与邻苯二酚的结构相似，它们也可以被氧化为各种有色物质。

酶是生物催化剂，其催化活性易受各种因素的影响，如温度、pH 值、底物种类、底物浓度、酶浓度以及抑制剂和蛋白质变性剂等都会改变其生物催化活性。

【实验准备】

（1）仪器用具

组织匀浆机，离心机，恒温水浴锅，小刀，纱布，漏斗等。

（2）材料与试剂

马铃薯，0.05 mol/L 柠檬酸缓冲液（pH 值 4.8），5% 三氯乙酸溶液，苯硫脲（结晶），饱和硫酸铵溶液。

0.1 mol/L 的氟化钠溶液：称取 4.2 g 氟化钠，溶于 1 000 mL 蒸馏水中。

0.01 mol/L 的邻苯二酚溶液：称取 1.1 g 邻苯二酚，溶于 1 000 mL 蒸馏水中，用稀氢氧化钠溶液调节 pH 值至 6.0，防止氧化。新配制的溶液应保存于棕色瓶中。当溶液变成褐色时，应重新配制。

0.01 mol/L 的间苯二酚溶液：称取 0.11 g 间苯二酚，溶于 100 mL 蒸馏水中。

0.01 mol/L 的对苯二酚溶液：称取 0.11 g 对苯二酚，溶于 100 mL 蒸馏水中。

【实验步骤】

（1）多酚氧化酶的制备

将马铃薯洗净去皮切成小块，每组称取 50 g 马铃薯放入组织匀浆机，加入 50 mL 氟化钠溶液，匀浆后用纱布过滤至烧杯中，加入等体积的饱和硫酸铵溶液，混合后于 0℃ 缓慢搅拌 20 min，3 000 r/min 离心 15 min，弃上清液，用 10 mL 柠檬酸缓冲液溶解沉淀后即为粗酶液，含有马铃薯多酚氧化酶。

（2）多酚氧化酶的化学性质

按表 3-15 加入各试剂，观察反应现象并分析和记录原因。

表 3-15　多酚氧化酶的化学性质实验

操作项目	试管编号		
	1	2	3
酶液/滴	15	15	15

（续）

操作项目	试管编号		
	1	2	3
5%三氯乙酸/滴	—	15	—
苯硫脲	—	—	少量
反应条件	将 2 号和 3 号试管振荡摇匀 5 min		
邻苯二酚溶液/滴	15	15	15
反应条件	混匀后 37℃保温 5~10 min		
实验现象			
解释实验现象			

（3）底物专一性

按表 3-16 加入各试剂，观察反应现象并分析和记录原因。

表 3-16　底物专一性实验

操作项目	试管编号		
	1	2	3
酶液/滴	15	15	15
邻苯二酚溶液/滴	15	—	—
间苯二酚溶液/滴	—	15	—
对苯二酚溶液/滴	—	—	15
反应条件	混匀后 37℃保温		
实验现象　5 min			
10 min			
解释实验现象			

（4）底物浓度对酶促反应速率的影响

按表 3-17 加入各试剂，观察反应现象并分析和记录原因。

表 3-17　底物浓度对酶促反应速率的影响实验

操作项目	试管编号		
	1	2	3
酶液/滴	5	5	5
邻苯二酚溶液/滴	1	10	40
蒸馏水/滴	39	30	—
反应条件	混匀后 37℃保温 5~10 min		
实验现象			
解释实验现象			

（5）酶浓度对酶促反应速率的影响

按表 3-18 加入各试剂，观察反应现象并分析和记录原因。

表 3-18　酶浓度对酶促反应速率的影响实验

操作项目	试管编号	
	1	2
酶液/滴	15	1
邻苯二酚溶液/滴	15	15
蒸馏水/滴	—	14
反应条件	混匀后 37℃ 保温 5~10 min	
实验现象		
解释实验现象		

【思考题】

1. 在酶制备过程中加入硫酸铵的目的是什么？
2. 三氯乙酸和硫脲分别有什么作用？
3. 多酚氧化酶的最适 pH 值是多少？
4. 哪些因素会影响酶促反应速率？

实验 20　萤光素酶（LUC）活力测定

Ⅰ. 原位发光检测

【实验目的】

1. 掌握植物活体原位检测萤光素酶活力的方法。
2. 学习正确使用化学发光成像仪。

【实验原理】

萤光素酶是能够催化底物氧化发光的一类酶的统称。将带有萤光素酶报告基因的质粒在烟草中瞬时表达，可以通过检测烟草中萤光素酶的活力来反映质粒转导的正确性；将萤光素酶蛋白分割成两个功能片段，分别与两个不同的目标蛋白结合，可以通过检测萤光素酶的功能完整性来验证蛋白互作。萤光素酶在生物发光免疫分析技术层面还具有很多的应用和创新，具有极高的研究价值。

本氏烟草作为植物表达系统，具有一些特定的优势，如易培养、生长周期短、叶片大、易渗透和转化、在转基因表达中具有较高的活力，且易于观察转化结果等。因此，在烟草中瞬时表达萤光素酶具有简便易行的优势。

萤光素酶活力检测需要在烟草叶片上涂抹萤光素酶作为底物，D-萤光素酶、D-萤光素酶钠和D-萤光素酶钾均可作为萤光素酶的催化底物，主要区别在于溶解和分散性能。D-萤光素酶钾盐在水和缓冲液中的溶解度高，且溶解速率较快，故在一般的生物学实验中常用D-萤光素酶钾盐。

萤光素酶催化底物萤光素酶发生氧化，能够发出最强波长在560 nm左右的生物萤光，该萤光能够在化学发光荧光成像仪中得到检测，以此来验证萤光素酶的表达活性。

【实验准备】

(1)仪器用具

全自动化学发光成像系统，小型台式离心机，高压灭菌锅，摇床，恒温培养箱，干式恒温器，可见光分光光度计，移液器，比色皿，软毛刷，一次性注射器，离心管等。

(2)材料与试剂

材料：苗龄4周的本氏烟草，GV3101农杆菌感受态。

试剂：胰蛋白胨，酵母提取物，氯化钠，琼脂粉，甘油，去离子水，烟草转化液（需要先配置1 mol/L氯化镁溶液、0.5 mol/L MES溶液，0.1 mol/L AS溶液），D-萤光素酶钾盐缓冲液等。

LB培养基：称取10 g胰蛋白胨、5 g酵母提取物和10 g氯化钠，溶于1 000 mL去离子水，搅拌均匀。LB液体培养基直接灭菌后保存，LB固体培养基还需加入琼脂粉10 g/L，121℃高温高压灭菌20 min，冷却至55℃左右加入实验所需抗生素。例如，卡那霉素（Kan⁺抗生素），先配制50 mg/mL的Kan⁺母液，培养基的工作浓度为50 μg/mL，即按1∶1 000的比例稀释；利福平（Rif⁺抗生素），先配制10 mg/mL的Rif⁺母液，按1∶2 000的比例稀释加入培养基。混匀后倒平板，冷凝后置于4℃冰箱保存。

1 mol/L氯化镁溶液：称取24.642 g六水氯化镁（$MgCl_2 \cdot 6H_2O$），溶于100 mL去离子水，高温高压灭菌后，置于4℃冰箱保存。

0.5 mol/L MES溶液：称取10.66 g 2-吗啉乙磺酸（MES）粉末，溶于100 mL去离子水，高温高压灭菌后，用锡纸包裹瓶身避光，置于4℃冰箱保存。

0.1 mol/L AS溶液：称取0.039 g乙酰丁香酮（AS）粉末，溶于2 mL二甲基亚砜（DMSO），置于-20℃冰箱保存。

烟草转化液：10 mmol/L氯化镁溶液+10 mmol/L MES溶液+150 μmol/L AS溶液。例如，10 mL烟草转化液=100 μL 1 mol/L氯化镁溶液+200 μL 0.5 mol/L MES溶液+15 μL 0.1 mol/L AS溶液+10 mL蒸馏水。

D-萤光素酶钾盐缓冲液：称取0.008 g D-萤光素酶钾盐，溶于10 mL去离子水，完全溶解后，加入2 μL表面活性剂（Silwet L-77），混匀后装入15 mL离心管，使用锡纸包裹避光保存。现用现配。

【实验步骤】

(1)构建带萤光素酶LUC报告基因的质粒

本实验以验证蛋白互作实验为例，将诱饵蛋白WWA构建在pCAMBIA1300-NLuc（融合萤光素酶N端片段，Kan⁺抗性)质粒上[图3-4(a)]，将猎物蛋白QQB构建在pCAMBIA1300-

CLuc(融合萤光素酶 C 端片段, Kan⁺抗性)质粒上[图 3-4(b)]。当两个蛋白 WWA 与 QQB 之间存在相互作用时, 它们各自携带的 NLuc 和 CLuc 在空间上会足够靠近并正确组装成完整的萤光素酶(luciferase, LUC)。萤光素酶通过催化萤光素(luciferin)与氧气反应, 从而释放光子, 即发出萤光信号。当有萤光信号被仪器检测[图 20-1(c)], 即表明 WWA 蛋白与 QQB 蛋白之间是存在互作关系的。

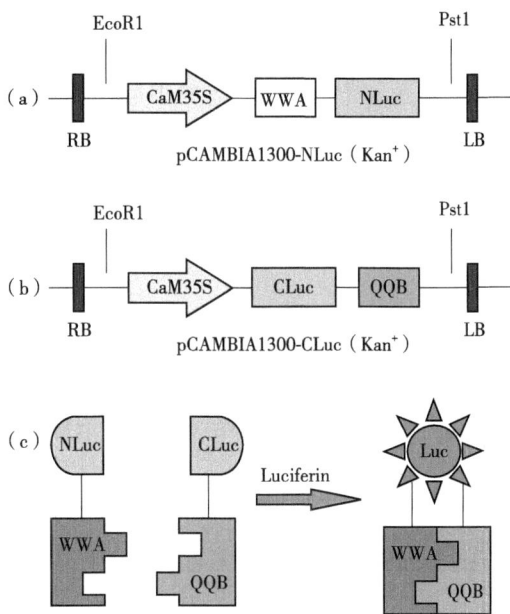

图 3-4　LUC 表达载体和工作原理示意

(2)质粒转农杆菌(GV3101 农杆菌感受态)

①将 GV3101 农杆菌感受态自-80℃冰箱取出, 在冰上静置融化后, 使用小型台式离心机, 100 r/min 离心 10 s, 使感受态细胞沉聚在离心管底部。

②使用 1.5 mL 离心管分装 25 μL GV3101 农杆菌感受态, 将 1 μL 质粒加入 25 μL 感受态中, 轻微混匀, 冰浴静置 7 min。

③使用镊子夹住离心管, 轻拿至液氮上方(此步骤过程中动作尽量轻缓, 过度晃动感受态会导致转化效率降低), 先将管底浸入液氮中数秒, 再将整个管放入液氮处理 7 min。

④打开离心管盖(防止升温过程中液氮气化使离心管盖爆开), 放入 37℃干式恒温器中, 然后盖上离心管盖, 保温 7 min。

⑤将离心管冰浴 7 min。

⑥在离心管中加入 700 μL LB 液体培养基, 置于摇床, 28℃、160 r/min 复苏 3~5 h。

⑦使用小型台式离心机, 5 000 r/min 离心 1 min, 收集菌体。

⑧在超净工作台中, 吸弃上清液约 600 μL, 将剩余 LB 液体培养基与菌体吸打混匀, 再均匀涂抹至带 Kan⁺抗性(LUC 载体所携带抗性)和 Rif⁺抗性(GV3101 农杆菌筛选抗性)的 LB 固体培养基平板上, 风干 10 min 后封口。

⑨使用锡箔纸包裹平板, 避光倒置, 在 28℃恒温培养箱中静置培养 48 h。在抗生素的筛选作用下, 成功转入质粒的农杆菌能够在平板上生长, 利用正常生长的农杆菌进行摇菌扩繁, 以保证有足够数量的菌用于后续实验。

(3)摇菌扩繁

在超净工作台中, 向离心管中加入 6 mL LB 液体培养基、6 μL Kan⁺(LUC 载体所携带抗性)和 3 μL 的 Rif⁺(GV3101 农杆菌的筛选标签), 颠倒混匀; 用 200 μL 枪头刮取平板中长出的农杆菌, 加入离心管中, 吸打混匀; 将离心管放置于摇床, 28℃、220 r/min 摇菌 10 h。摇菌成功后保存菌种, 取 800 μL 完成灭菌的 60%甘油与 800 μL 菌液混合, 置于-80℃冰箱保存。

(4)烟草瞬时表达

①取 2 mL 菌液于离心管中, 5 000 r/min 离心 1 min, 收集菌体, 弃上清液。

②使用烟草转化液重悬菌体，先加 1 mL 烟草转化液，利用移液器吸打混匀菌体，再加入 1 mL 烟草转化液，混匀后取 1 mL 测量波长 600 nm 处的吸光度，即 OD_{600} 值。使用可见光分光光度计，先在比色皿中加入 1 mL 烟草转化液进行标定（点击蓝色方块），即设置空白对照；再测重悬菌液的 OD_{600} 值（点击红色方块）。利用烟草转化液将菌液的 OD_{600} 值调整为 0.8~1.0。将调整完成的重悬菌液避光静置 0.5~2.0 h。

图 3-5 烟草叶片注射

③选取生长状况良好的烟草，选择叶脉较少的健康叶片进行菌液注射。在烟草叶片背面用针头轻划一个小伤口，为注射孔，后期以此注射孔判断注射的中心位置；将重悬菌液混匀，使用去除针头的 1 mL 注射器吸取菌液，反面抵住烟草叶片，沿叶背划开的伤口将菌液注射进入烟草叶肉，每种菌液可注射 3~4 片烟草（图 3-5）。注射完成后的烟草放置在加水的托盘中，盖盖子保湿，避光放置 24 h 后揭盖。在正常生长条件［光照强度 70~90 μmol/(m²·s)，光周期：16 L/8D，温度 22℃，湿度 80%］下培养 48~72 h。通常选择注射后 72 h 的烟草叶片用于后续萤光素酶活力检测。

(5) 萤光素酶活力检测

将待测烟草叶片背面朝上平铺在培养基上，使用软毛刷将 D-萤光素酶钾盐缓冲液均匀涂抹在烟草叶背，避光保湿静置 5~7 min，进行萤光成像。

①先打开全自动化学发光成像系统，连接计算机，打开软件"A"，待左下方显示的 CCD 温度降至-35℃时，点击"发光成像"。

②将烟草叶片放入仪器正中（黑色背景），先拍摄白光成像，机器会自动拍摄一张黑白成像。若需调整曝光和焦距，可点击摄像头图标"手动拍摄"，重新设置参数进行拍摄。

③黑白成像拍摄完成后，点击向右箭头"发光图像拍摄"，再次选择单张胶片图标"单张图像拍摄"，进入发光成像；点击"auto"进行自动曝光，曝光约 10 min 后可观察结果。

④如果萤光素酶有活力，能够催化底物发出萤光，成像仪拍摄时会检测到灰度萤光信号，点击彩色圆圈进行"彩色合成"，调整对比度和亮度，添加色标，再次点击"彩色合成"，将彩色萤光信号与烟草叶片的明场黑白成像合并，即获得萤光素酶彩色萤光信号与烟草叶片的合成图像，点击"保存图像"。

(6) 萤光素酶活力原位检测结果（图 3-6）

【思考题】

1. 本实验中，萤光的亮度会受到哪些条件的影响？

2. 如何操作才能确保检测结果的准确性？

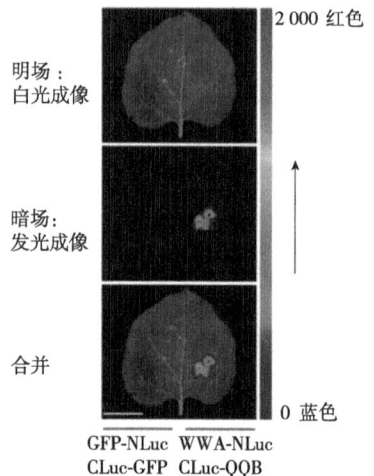

右侧图标蓝色至红色(0~2 000)代表相对萤光强度自蓝色至红色萤光逐渐增强。

图 3-6 蛋白互作阳性所显示的萤光信号

（修改自 Yan et al.，2020）

Ⅱ. 酶标仪发光检测

【实验原理】

萤光素酶报告基因检测是以萤光素为底物来检测萤火虫萤光素酶(firefly luciferase, F-Luc)活力的一种报告检测系统。萤光素酶催化萤光素的氧化, 在这个过程中, 会发出生物萤光。通过荧光测定仪设备可以测定这一氧化过程中发出的生物萤光。利用萤光素酶与底物结合发生化学发光反应的这一特性, 可以把需要进行检测的基因转录调控元件插入萤火虫萤光素酶基因的上游启动子区域, 构建驱动萤光素酶报告基因表达的重组质粒。然后将构建的重组质粒转染至细胞中, 适当刺激或处理后, 将细胞裂解, 测定萤光素酶活性。通过萤光素酶活力的测定, 判断刺激前后或不同刺激条件对调控元件驱动下游报告基因表达能力的影响。

之前的萤光素酶报告基因检测系统只能报告 F-Luc, 称为单萤光素酶报告基因检测系统。其实验结果很容易受到各种实验条件的影响, 为了解决这一问题, 在原有基础上引入了由固定组成型启动子驱动的以腔肠素(coelenterazine)为底物的海肾萤光素酶基因(renilla luciferase, R-Luc)作为内参基因, 与 F-Luc 基因共同形成双萤光素酶报告基因检测系统, 排除不同组之间细胞生长状况、细胞数目以及转染效率带来的干扰, 起到校正的作用, 从而使实验结果更为可靠、准确。

F-Luc 产生的光颜色呈现黄绿色, 主要发光波长为 540~600 nm, 检测时选用波长 560 nm; R-Luc 催化的发光反应需要腔肠素和氧气参与, 发光颜色为蓝色, 主要发光波长为 460~540 nm, 检测时选用波长 480 nm。正是由于这两种酶的底物和发光颜色不同, 所以 F-Luc 和 R-Luc 在双萤光素酶报告基因检测系统中得到广泛应用。两种萤光素酶可以分别位于两个载体上, 也可以位于同一个载体上。质粒位于一个载体的转染产生的偏差更小, 毕竟转染一个质粒比转染两个质粒更容易。例如, 在植物转录因子功能研究中, 目前常用的 pGreen Ⅱ 0800-LUC 报告基因质粒同时含有 F-Luc(简称 Luc)和 R-Luc(简称 Ren); 在该报告基因质粒中, 将靶启动子(proYY)的 DNA 序列插至 F-Luc 报告基因前方, 即构建获得含有靶启动子(proYY)驱动报告基因表达的质粒。将此质粒与含有目标转录因子 WWTF 基因的质粒(如 35S promoter: WWTF)分别转染到农杆菌中, 获得含有这两种质粒的农杆菌。然后扩繁两种农杆菌, 获得的两种菌液按 1 : 1 比例混合, 共转染烟草叶片后检测报告基因的表达情况。如果转录因子 WWTF 能够激活靶启动子 proYY, 则处于 proYY 下游的 F-Luc 基因就会表达, 当加入特定的萤光素酶底物时, 萤光素酶与底物反应, 发出萤光。萤光素酶的表达量与转录因子的作用强度成正比。通过检测萤光的强度可以测定萤光素酶活力, 从而判断转录因子 WWTF 是否能与此靶启动子 proYY 发生作用。

【实验准备】

(1)仪器用具

酶标仪, 小型台式离心机, 低温离心机, 高压灭菌锅, 摇床, 干式恒温器, 可见光分光光度计, 移液器, 打孔器, 镊子, 泡沫盒, 金属块, 离心管和离心管架, 一次性注射器, 比色皿等。

（2）材料与试剂

4 周苗龄的本氏烟草，农杆菌 EHA105（自带 pSoup-p109）感受态细胞，灭菌去离子水等。

双萤光素酶报告基因检测试剂盒：由 Luciferase Reaction Buffer、Luciferase Reaction Substrate（Lyophilized）、（为 F-Luc 底物 D-萤光素酶钾盐）、Luciferase Reaction Buffer Ⅱ、50×Luciferase Reaction Substrate Ⅱ（为 R-Luc 底物腔肠素）和 5×Cell Lysis Buffer 组成。配制方法：将 Luciferase Reaction Buffer、Luciferase Reaction Buffer Ⅱ 和灭菌去离子水从 −20℃ 冰箱取出，恢复至室温，保证各组分完全溶解。注意：Luciferase Reaction Buffer Ⅱ 出现沉淀属正常现象，充分振荡溶解后即可使用。

F-Luc 发光试剂 Luciferase Reaction Reagent（含有 F-Luc 底物 D-萤光素钾盐）：用 Luciferase Reaction Buffer 充分溶解冻干状态的 Luciferase Reaction Substrate（5 mL Buffer+1 Vial Substrate），避光保存，避免反复冻融。

R-Luc 发光试剂 Luciferase Reaction Reagent Ⅱ（含有 R-Luc 底物腔肠素）：按 1∶50（v/v）的比例将 Luciterase Reaction Substrate Ⅰ 与 Luciferase Reaction Buffer Ⅱ 混合，分装后避光保存。

1×Cell Lysis Buffer（细胞组织裂解缓冲液）：按 1∶4 的比例（v/v）将 5×Cell Lysis Buffer 与灭菌去离子水混合备用。

LB 培养基：称取 10 g 胰蛋白胨、5 g 酵母提取物和 10 g 氯化钠，溶于 1 000 mL 去离子水中，搅拌混匀。LB 液体培养基直接灭菌后保存；配置固体培养基，是在 1 000 mL 液体培养基中先加入 10 g 琼脂粉，然后 121℃ 高温高压灭菌 20 min，冷却至 55℃ 左右，加入实验所需抗生素，如卡那霉素（Kan），先配制 50 mg/mL 的 Kan 母液，按 1∶1 000（v/v）的比例稀释加入培养基中，混匀后倒平板，冷凝后 4℃ 冰箱保存。

烟草转化液：配置方法同实验 20-Ⅰ。

【实验步骤】

（1）构建质粒

以通过 pGreenⅡ 0800-LUC 双萤光素酶载体检测转录因子（*bZip42* 和 *bZip23*）对启动子（*PER1A* promoter）的调控研究为例，pGreenⅡ 0800-LUC 载体同时含有萤火虫萤光素酶和海肾萤光素酶，将所要验证的启动子 *PER1A* promoter 构建至 *F-Luc* 前端，构成报告质粒，再将转录因子（*bZip42* 或 *bZip23*）构建至由 35 S 启动子驱动的载体上。

（2）转染烟草叶片

① 质粒转农杆菌 EHA105（自带 pSoup-p109）感受态细胞。此农杆菌自 −80℃ 冰箱取出，在冰上静置融化后 100 r/min 离心 10 s，使感受态细胞沉聚在离心管底部。将 Reporter 质粒（PER1A promoter in pGreenⅡ 0800-LUC）和 3 种 Effector 质粒（空 pGreenⅡ 62-SK、bZip42 in pGreenⅡ 62-SK 和 bZip23 in pGreenⅡ 62-SK）各取 1 μL 分别加入 25 μL 感受态中，轻微混匀，冰浴静置 7 min。用镊子夹住离心管，轻拿至液氮上方（此步骤动作尽量轻缓，过度晃动感受态会导致转化效率降低），先将管底浸入液氮中数秒，再将整个管放入液氮处理 7 min。打开离心管盖（防止升温过程中液氮气化使离心管盖爆开），再放入 37℃ 金属浴 7 min。盖上盖子，轻拿至冰上，冰浴 7 min。加入 700 μL LB 液体培养基，置于摇床，28℃、160 r/min

复苏 3~5 h。5 000 r/min 离心 1 min，收集菌体。在超净工作台中，吸弃上清约 600 μL，将剩余 LB 液体培养基与菌体吸打混匀，再均匀涂抹至带 Kan⁺ 抗性(pGreenⅡ 0800-LUC 载体所携带抗性)的 LB 固体培养基平板上，风干 10 min 后封口。使用锡箔纸包裹平板，避光倒置，在 28℃ 恒温培养箱中静置培养 48 h。在抗生素的筛选作用下，成功转入质粒的农杆菌能够在平板上生长，利用正常生长的农杆菌进行摇菌扩繁，以保证有足够数量的菌用于后续实验。

②摇菌扩繁。在超净工作台中，往离心管中加入 6 mL LB 液体培养基，6 μL 的 Kan⁺ (pGreenⅡ 0800-LUC 载体所携带抗性，比例为 1∶1 000)和 3 μL 的 Rif⁺(GV3101 农杆菌的筛选标签，抑制细菌，比例为 1∶2 000)，颠倒混匀；用 200 μL 的枪头刮取平板中长出的农杆菌，加入离心管中，吸打混匀；将离心管放置于摇床，28℃、220 r/min 摇菌 10 h。摇菌成功后保存菌种，取 800 μL 完成灭菌的 60% 甘油与 800 μL 菌液混合，置于 -80℃ 冰箱保存。

③烟草瞬时表达。取 2 mL 菌液于离心管中，5 000 r/min 离心 1 min，收集菌体时将启动子和转录因子各 1 mL 收集到一起，即将带有 Reporter 质粒的农杆菌分别与 3 种带有不同 Effector 质粒的农杆菌收集到一起，弃上清液。使用烟草转化液重悬菌体，先加入 1 mL 烟草转化液，利用移液器吸打混匀菌体，再加入 1 mL 烟草转化液，混匀后取 1 mL 测量波长 600 nm 处的吸光度，即 OD_{600} 值。使用可见光分光光度计，先在比色皿中加入 1 mL 烟草转化液进行标定(点击蓝色方块)即设置空白对照，再测重悬菌液的 OD_{600} 值(点击红色方块)。利用烟草转化液将菌液的 OD_{600} 值调整为 0.8~1.0。将调整完成的重悬菌液避光静置 0.5~2.0 h。选取生长状况良好的烟草，选择叶脉较少的健康叶片进行菌液注射。在烟草叶片的背面用针头轻划一个小伤口，为注射孔，后期以此注射孔判断注射的中心位置；将重悬菌液混匀，使用去除针头的 1 mL 注射器吸取菌液，反面抵住烟草叶片，沿叶背划开的伤口将菌液注射进入烟草叶肉，每种菌液可注射 3~4 片烟草。注射完成后的烟草放置在加水的托盘中，盖盖子保湿，避光放置 24 h 后，揭盖，在正常生长条件[光照强度 70~90 μmol/(m²·s)，光周期：16L/8D，温度 22℃，湿度 80%]下培养 48~72 h。通常选择注射后 72 h 的烟草叶片，用于后续萤光素酶活力检测。

(3) 裂解细胞

①取样。用 12 mm 打孔器在表达转录因子和启动子的烟草叶片部位各取 3 个小圆片置于 1.5 mL 离心管，再放入装有液氮的泡沫盒，3 个小圆片为 1 个技术重复，2 个技术重复为 1 个生物学重复，至少设置 3 个生物学重复。

②研磨样品。植物样品在装有液氮的泡沫盒中静置 10 min，然后将泡沫盒微微倾斜，把金属块放置在泡沫盒中液氮较少的一侧的，用镊子将离心管取出，开盖并放置在金属块上，先用镊子固定离心管，再用研磨器在液氮中进行研磨，待样品研磨成粉末状后，将离心管置于冰上，加入 200 μL 1×Cell Lysis Buffer，用枪头吸打混匀，在冰上静置 10 min，使细胞充分裂解。4℃、10 000×g 低温离心 10 min。准备若干新的 1.5 mL 离心管，标上名称与样品管一一对应。吸取 200 μL 上清液至新的离心管中，然后放置在冰上备用。

(4) Luciferase 活力测定

打开酶标仪，连接计算机，按以下顺序进行操作：打开 Microplate 软件→连接→新建程序→参数设置→选中空格→单击右键→选定样品位置→单独设置一列为空白对照位置(图 3-7)。

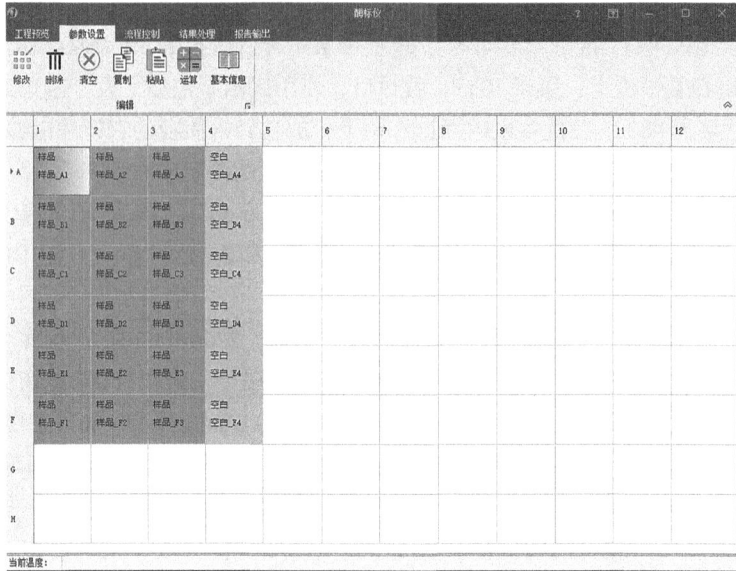

图 3-7　酶标仪操作（一）

依次点击"流程控制"→"发光测试"（整合时间、延迟时间均设置为 100）→选择"光子计数"（重复次数为 2）→线性震荡 30 s，设置为中档→点击页面左下角向上箭头，将震荡的顺序调至发光测试的前面（图 3-8、图 3-9）。

吸取 50 μL 平衡至室温的 Luciferase Reaction Reagent 并加入不透明的白底 96 孔板中，再吸取 10 μL 细胞裂解液至其中（加样时的顺序需要与在计算机上设置的样品顺序一致），然后点击"出仓"，将酶标板放入酶标仪中，依次点击"进仓"—"运行"，测试完成后，保存数据至桌面，点击"出仓"，取出酶标板，再加入 50 μL 平衡至室温的 Luciferase Reaction

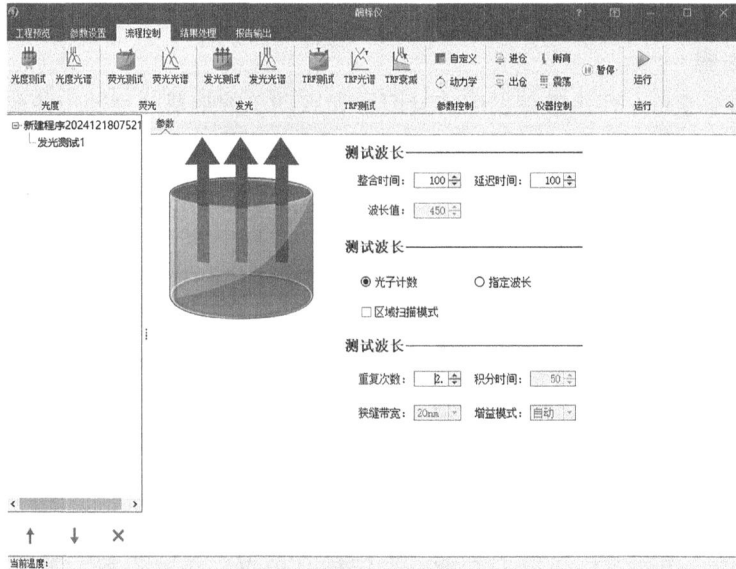

图 3-8　酶标仪操作（二）

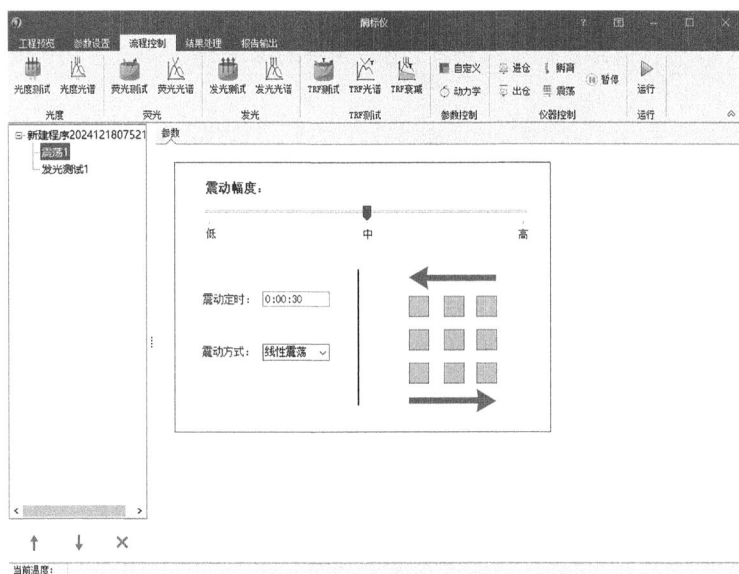

图 3-9　酶标仪操作(三)

Reagen Ⅱ，然后重复上述步骤进行测试。注意：Luciferase Reaction Reagent 与 Luciferase Reaction Reagen Ⅱ 的反应时间不可超过 10 min。

(5)结果计算

将萤火虫萤光素酶的检测值除以海肾萤光素酶检测值即可。结果分析以文献为例（图 3-10）。

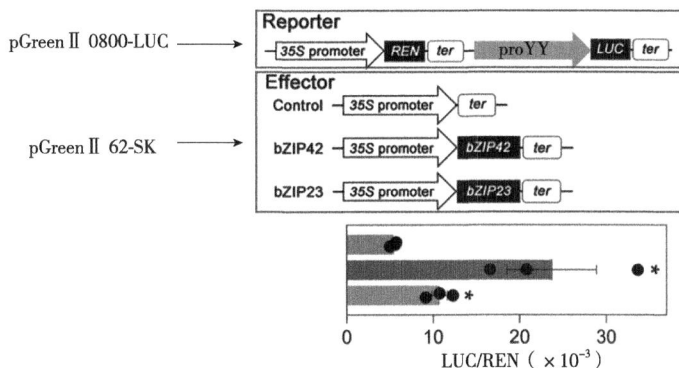

图 3-10　pGreenⅡ 0800-LUC 载体示意

（Wang et al.，2022）

该实验分别构建含有 proYY 启动子的 pGreen Ⅱ 0800-LUC 和含有或不含有 *bZIP23* 或 *bZIP42* 的 pGreen Ⅱ 62-SK 的载体，然后进行双萤光素酶报告基因检测，结果表明 *bZIP42* 和 *bZIP23* 可以直接与启动子结合并显著激活 *PER1A* 的表达。

【思考题】

1. 双萤光素酶报告基因检测系统较单萤光素酶报告基因检测系统有何优势？

2. 双萤光素酶报告基因检测系统有哪些应用？

实验 21 过氧化物酶(POD)的制备与活力测定

【实验目的】

1. 掌握植物过氧化物酶的提取方法。
2. 了解植物过氧化物酶含量变化与植物生长发育的关系。

【实验原理】

在过氧化氢存在条件下，过氧化物酶能使愈创木酚氧化，生成茶褐色物质。该物质在470 nm处有最大吸收，可用分光光度计测量波长470 nm处的吸光度变化来测定过氧化物酶活力。

【实验准备】

(1)仪器用具

恒温水浴锅，研钵，可见光分光光度计，离心机，秒表，吸管，容量瓶，剪刀等。

(2)材料与试剂

马铃薯块茎。

100 mmol/L磷酸缓冲液(pH值6.0)：称取17.805 g二水磷酸氢二钠($Na_2HPO_4 \cdot 2H_2O$)溶于1 000 mL蒸馏水，称取15.605 g二水磷酸二氢钠溶于1 000 mL蒸馏水，再从上述溶液中分别取123 mL磷酸氢二钠溶液和877 mL磷酸二氢钠溶液混匀即得到100 mmol/L磷酸缓冲液(pH值6.0)。

反应混合液：取50 mL 100 mmol/L磷酸缓冲液(pH值6.0)于烧杯中，加入28 μL愈创木酚，于磁力搅拌器上加热搅拌，直至愈创木酚溶解，待溶液冷却后，加入19 μL 30%过氧化氢，混合均匀，置于4℃冰箱保存。

【实验步骤】

(1)酶液提取

称取1.0 g马铃薯块茎，剪碎，放入研钵中，加适量的100 mmol/L磷酸缓冲液研磨成匀浆，4 000 r/min离心15 min，先将上清液转入100 mL容量瓶，再将残渣用5 mL 100 mmol/L磷酸缓冲液提取一次，上清液并入容量瓶中，定容，置于4℃冰箱备用。

(2)反应及比色

取2支1 cm光径比色皿，一支加入3 mL反应混合液和1 mL磷酸缓冲液作为对照，另一支加入3 mL反应混合液和1 mL上述酶液(如酶活力过高，可稀释)，立即启动秒表记录时间，于分光光度计上测量波长470 nm处的吸光度，每隔1 min读数一次。

(3)结果计算

以每分钟吸光度变化值表示酶活力，以$\Delta A_{470}/(min \cdot g$鲜重$)$表示；也可用每分钟$A_{470}$变化值表示，以变化值0.01作为1个过氧化物酶活力单位(U)。

$$过氧化物酶活力[U/(g \cdot min)] = \frac{\Delta A_{470} \cdot V_T}{0.01 \cdot m \cdot V_S \cdot t} \tag{3-2}$$

式中，ΔA_{470} 为反应体系在波长 470 nm 处的吸光度变化值；m 为植物鲜重（g）；V_T 为提取的酶液总体积（mL）；V_S 为测定时取用的酶液体积（mL）；t 为反应时间（min）

【思考题】

1. 为什么过氧化物酶的活性随着时间改变？
2. 过氧化物酶对植物生长发育有何影响？

实验 22　琥珀酸脱氢酶（SDH）的竞争性抑制

【实验目的】

1. 学习从动物组织中提取琥珀酸脱氢酶的方法。
2. 掌握竞争性抑制的概念及作用机理。
3. 了解在无氧情况下观察脱氢酶竞争性抑制作用的方法。

【实验原理】

琥珀酸脱氢酶是三羧酸循环中的关键酶，与线粒体内膜上的电子传递链相关联，催化琥珀酸脱氢生成延胡索酸。近年来，针对琥珀酸脱氢酶的研究取得了诸多进展。在农业领域，琥珀酸脱氢酶抑制剂（SDHIs）作为一类重要的杀菌剂，通过占据底物泛醌的位点，阻断病原菌的能量代谢，从而抑制其生长和繁殖。随着研究的深入，越来越多的 SDHIs 杀菌剂被开发出来，如氟苯醚酰胺和氯苯醚酰胺等，它们在水稻纹枯病等植物病害防治中展现出良好的应用前景。此外，琥珀酸脱氢酶的结构生物学研究也不断取得突破，为新型抑制剂的设计提供了理论基础。在医药领域，琥珀酸脱氢酶抑制剂也被用于探索治疗细菌感染等疾病。

琥珀酸脱氢酶存在于心肌、骨骼肌、肝脏等组织中，能使琥珀酸脱氢生成延胡索酸，脱下的氢可使亚甲蓝褪色还原为甲烯白。丙二酸在结构上与琥珀酸相似，可与琥珀酸竞争与琥珀酸脱氢酶的活性中心结合，这种抑制属竞争性抑制。若琥珀酸脱氢酶已与丙二酸结合，则不能再与琥珀酸结合而产生抑制作用，抑制程度取决于琥珀酸与抑制剂在反应体系中的相对浓度。本实验以亚甲蓝为受氢体，在隔绝空气的条件下，通过亚甲蓝的褪色程度来判断琥珀酸脱氢酶的活力，并借此观察丙二酸对琥珀酸脱氢酶活力的抑制作用。

【实验准备】

（1）仪器用具

组织匀浆机，恒温水浴锅，离心机，小刀，纱布，试管，漏斗等。

（2）材料与试剂

新鲜猪心，液体石蜡，0.02% 亚甲蓝溶液，蒸馏水等。

0.1 mol/L 磷酸盐缓冲液（pH 值 7.4）：量取 19 mL 0.1 mol/L 磷酸二氢钠（NaH_2PO_4）溶液，向其中加入 81 mL 0.1 mol/L 磷酸氢二钠（Na_2HPO_4）溶液。

0.2 mol/L 琥珀酸溶液：称取 27 g 琥珀酸钠，溶于 500 mL 蒸馏水，充分溶解混匀。

0.02 mol/L 琥珀酸溶液：将 0.2 mol/L 琥珀酸溶液稀释 10 倍。

0.2 mol/L 丙二酸溶液：称取 10.41 g 丙二酸固体，溶于 500 mL 蒸馏水，充分溶解混匀。

0.02 mol/L 丙二酸溶液：将 0.2 mol/L 丙二酸溶液稀释 10 倍。

【实验步骤】

（1）粗酶液的制备

称取 2.0 g 新鲜猪心，剪碎，放入组织匀浆机中，先加入 8 mL 的 0.1 mol/L 磷酸盐缓冲液后匀浆，再加入 12 mL 0.1 mol/L 磷酸盐缓冲液，充分混匀，2 000 r/min 离心 10 min，取上清液（粗酶液）备用。

（2）反应体系设置

取 5 支试管，编号，按表 3-19 加入试剂。

表 3-19　反应体系　　　　　　　　　　　　　　　　　　　　　　　　　mL

试管编号	粗酶液	0.2 mol/L 琥珀酸溶液	0.02 mol/L 琥珀酸	0.2 mol/L 丙二酸溶液	0.02 mol/L 丙二酸溶液	蒸馏水	0.02%亚甲蓝溶液
1	1.0	0.2	—	—	—	0.2	0.1
2	1.0	0.2	—	0.2	—	—	0.1
3	1.0	0.2	—	—	0.2	—	0.1
4	1.0	—	0.2	0.2	—	—	0.1
5	—	0.2	—	—	—	1.2	0.1

（3）反应启动与观察

各管混匀后，立即沿试管内壁加入液体石蜡以隔绝空气，高度 1.0~1.5 cm，置于 37℃恒温水浴锅中保温，30 min 内观察各管亚甲蓝的褪色情况，记录褪色的所需时间并解释现象。

【注意事项】

操作规范：加完液体石蜡后，避免摇动试管，以免破坏石蜡隔层或引入氧气。观察颜色变化时，仅通过倾斜试管对比颜色，不可振荡。

石蜡添加方法：沿试管壁缓慢滴加液体石蜡，确保形成连续覆盖层且无气泡。若石蜡层不完整，需重新补加。

【思考题】

1. 简述抑制的分类及特点。

2. 本实验中，液体石蜡起什么作用？

3. 为什么各管中的反应体系配好后不能再摇动？

4. 制备匀浆时所用磷酸缓冲液可否换为蒸馏水？为什么？

实验 23　过氧化氢酶米氏常数的测定

【实验目的】

1. 学习过氧化氢酶米氏常数(K_m)的测定方法。
2. 掌握双倒数法测定米氏常数的原理和方法。
3. 了解米氏常数的意义及其在酶学研究中的应用。

【实验原理】

1913 年，Michaelis 和 Menten 根据中间络合物学说提出反应速率与底物浓度关系的方程，即米氏方程(Michaelis equation)。

$$v = \frac{v_{max}[S]}{K_m + [S]} \tag{3-3}$$

式中，[S]为底物浓度；v 为不同底物浓度时的反应速率；v_{max} 为最大反应速率；K_m 为米氏常数。

米氏常数是酶的特征性常数，在数值上等于反应速率达最大反应速率 1/2 时的底物浓度(图 3-11)，其数值大小反映酶对底物的亲和力。当 $v = v_{max}/2$ 时，$K_m = [S]$。在实际应用中，通过动力学曲线求米氏常数，即使用很大的[S]，也仅能得到趋近于 v_{max} 的反应速率，难以达到真正的 v_{max}，因此无法测得准确的米氏常数。为得到准确的米氏常数，可以把米氏方程转化为直线方程 $y = ax + b$，然后用图解法求出米氏常数。本实验采用 Lineweaver-Burk 双倒数作图法求米氏常数，将米氏方程等式两边同时取倒数，绘制 $1/v$ 对 $1/[S]$ 的曲线，其与 X 轴的交点即为 $-1/K_m$，以此可求得该酶在测定条件下的米氏常数(图 3-12)。

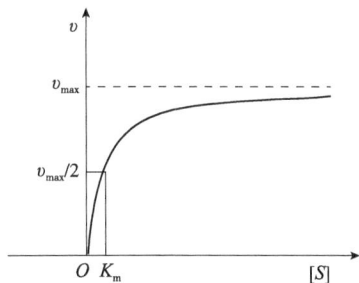

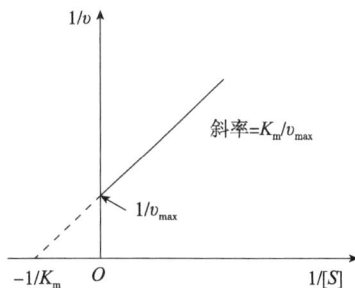

图 3-11　米氏方程曲线　　　图 3-12　Lineweaver-Burk 双倒数作图法

过氧化氢酶是一种广泛存在于生物体内的酶，主要功能是催化过氧化氢分解为水和氧气。过氧化氢是一种强氧化剂，对细胞具有毒性。过氧化氢酶通过高效分解过氧化氢，保护细胞免受氧化损伤，维持细胞内氧化还原平衡。它在肝脏、红细胞和植物细胞中含量丰富，是细胞防御系统的重要组成部分。此外，过氧化氢酶还参与细胞代谢、信号转导和抗氧化防御等多种生理过程。由于其高效的催化活性和对过氧化氢的特异性分解能力，过氧化氢酶在生物医学和工业领域也有广泛应用，如用于伤口消毒、食品保鲜和生物传感器开发等。

过氧化氢被过氧化氢酶分解为水和氧气，未分解的过氧化氢用高锰酸钾在酸性环境中滴定，根据反应前后过氧化氢的浓度差可求出反应速率。

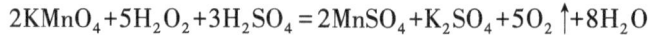

$$2H_2O_2 = 2H_2O\uparrow + O_2\uparrow$$

$$2KMnO_4 + 5H_2O_2 + 3H_2SO_4 = 2MnSO_4 + K_2SO_4 + 5O_2\uparrow + 8H_2O$$

本实验由马铃薯提供过氧化氢酶，在保持恒定的条件下（恒温 30℃，恒 pH 值 7.0），用相同浓度的过氧化氢酶催化不同浓度的过氧化氢分解。在一定限度内，酶促反应速率与过氧化氢浓度成正比。用 Lineweaver-Burk 双倒数作图法（即以 $1/v$ 对 $1/[S]$ 作图）可求得过氧化氢酶的米氏常数。

【实验准备】

(1) 仪器用具

组织匀浆机，离心机，电子天平，小刀，纱布，布氏漏斗，滴定管，锥形瓶等。

(2) 材料与试剂

马铃薯块茎，25% 硫酸溶液。

0.02 mol/L 磷酸缓冲液（pH 值 7.0）：量取 39 mL 0.02 mol/L 的磷酸二氢钠溶液，加入 61 mL 0.02 mol/L 的磷酸氢二钠溶液。

0.01 mol/L 高锰酸钾溶液：称取 1.5~1.6 g 高锰酸钾，溶于 1 000 mL 蒸馏水，盖上表面皿，加热沸煮 20~30 min（随时加水以补充因蒸发而损失的水）。冷却后在暗处放置 1 周以上，用玻璃砂芯漏斗或玻璃纤维过滤除去二氧化锰（MnO_2）等杂质。滤液贮存于洁净的棕色瓶中，以 0.01 mol/L 高锰酸钾溶液标定浓度，置于暗处保存。

0.1 mol/L 过氧化氢溶液：量取 1.01 mL 30% 的过氧化氢溶液倒入 100 mL 容量瓶，蒸馏水定容，充分摇匀。

【实验步骤】

(1) 过氧化氢粗酶液的制备

将马铃薯块茎洗干净去皮切成小块，称取 10 g 马铃薯小块放入组织匀浆机，加入 20 mL 0.02 mol/L 磷酸缓冲液，匀浆。匀浆液用布氏漏斗减压过滤，将滤液转移到烧杯中，即为粗酶液。

(2) 制备酶促反应体系

取 5 个锥形瓶，按表 3-20 加入相应体积的 0.1 mol/L 过氧化氢溶液和蒸馏水。随后逐瓶加入 0.5 mL 粗酶液，立即混匀，记录反应开始时间。当反应时间达 5 min 时立即加入 2 mL 25% 的硫酸溶液终止反应，充分混匀。当所有锥形瓶反应完毕，开始准备滴定。

表 3-20 　反应体系设置 　　　　　　　　　　　　　　　　　　　mL

锥形瓶编号	0.1 mol/L 过氧化氢	蒸馏水	粗酶液
1	0.00	9.50	0.50
2	1.00	8.50	0.50

（续）

锥形瓶编号	0.1 mol/L 过氧化氢	蒸馏水	粗酶液
3	1.25	8.25	0.50
4	1.67	7.83	0.50
5	2.50	7.00	0.50
6	5.00	4.50	0.50

（3）滴定剩余的过氧化氢

将 0.01 mol/L 高锰酸钾溶液装入酸式滴定管中，用来滴定各瓶中剩余的过氧化氢，记录消耗的高锰酸钾溶液体积。

（4）结果处理

①底物浓度计算公式：

$$[S] = \frac{c_1 V_1}{10} \tag{3-4}$$

式中，$[S]$ 为底物浓度（mol/L）；c_1 为过氧化氢溶液浓度（mol/L）；V_1 为过氧化氢溶液的体积（mL）；10 为反应的总体积（mL）。

②反应速率计算公式：

$$v = \frac{c_1 V_1 - \dfrac{5}{2} c_2 V_2}{5} \tag{3-5}$$

式中，v 为反应速率（mmol/min）；c_2 为高锰酸钾溶液的浓度（mol/L）；V_2 为消耗的高锰酸钾溶液的体积（mL）。

③以反应速率的倒数为纵坐标、底物浓度的倒数为横坐标作图，求出米氏常数。

【思考题】

1. 本实验为何要设置 1 号锥形瓶？
2. 若每个锥形瓶测得的反应速率都很小说明什么问题？应如何解决？
3. 影响实验结果的因素有哪些？
4. 除了米氏常数外，本实验还能得到酶的哪些重要参数？

第 4 章

生物大分子功能

实验 24　利用酵母双杂交系统验证两种已知蛋白互作

【实验目的】

1. 探究两种已知蛋白是否存在直接相互作用。
2. 掌握酵母双杂交系统的原理及操作流程。

【实验原理】

酵母双杂交系统(yeast two-hybrid system，Y2H)是一种用于检测蛋白质间相互作用的分子生物学技术。该技术由 Fields 和 Song 于 1989 年首次提出，经过不断地优化改进，现在已经发展为一种成熟的蛋白互作研究技术，主要用于互作蛋白的筛选、验证，以及互作蛋白机理的深入研究和蛋白连锁图谱的绘制。

常用的双杂交系统依据酵母 Gal4 转录激活蛋白的 DNA 结合域(activation domain，AD)和转录激活域(DNA-binding domain，BD)建立，其原理基于转录激活蛋白 Gal4 的特性，即 Gal4 包含可分离的 DNA 结合域和转录激活域，二者单独存在时均无法发挥活性。DNA 结合域能够识别并结合位于 *GAL4* 效应基因上游的特定激活序列，而转录激活域则负责与转录机制中的其他成分结合，从而启动激活序列下游基因的转录过程。值得注意的是，仅依靠 DNA 结合域或转录激活域的单独作用，是无法激活转录反应的。然而，当 DNA 结合域和转录激活域在空间上足够接近时，它们将共同展现出完整的 *Gal4* 转录因子活性，能够结合并激活下游的启动子，进而促使启动子下游的基因进行转录。此外，外源性蛋白之间的相互作用为功能重建和转录提供了必要的空间邻近性，从而驱动报告基因的表达，为研究者们提供了一种强大而有效的工具来探究蛋白质之间的相互作用及机制。

【实验准备】

(1) 实验器材

高压灭菌锅，超净工作台，恒温培养箱，移液器和枪头，离心管，培养皿等。

(2) 材料与试剂

已构建好的诱饵载体和捕获载体重组质粒，Y2HGold 菌株，SD/Trp/Leu 固体培养基，

SD/Trp/Leu/His/Ade 固体培养基，双蒸水等。

　　YPDA 培养基：称取 20 g 胰蛋白胨、10 g 酵母提取物，固体培养基则还需称取 20 g 琼脂糖，将各试剂加入带有刻度的烧杯中，加入蒸馏水至 935 mL，使用浓盐酸调节 pH 值至 6.5，高温高压灭菌。待冷却至 55℃，加入 15 mL 0.2% 腺嘌呤贮存液和 50 mL 40% 灭菌葡萄糖溶液，混匀。

【实验步骤】

(1) 酵母细胞内验证蛋白互作

以下操作在超净工作台内完成，将超净工作台紫外灭菌 30 min 后使用。

①取出以上长出菌落(酵母菌种已转入验证互作蛋白的两种质粒)的 SD/Trp/Leu 缺陷型固体培养基，用灭菌枪头挑取单菌落，置于无菌的 20 μL 双蒸水中悬浮，即为初始浓度的菌液。

②对初始浓度的菌液进行梯度稀释(即 10^{-1}、10^{-2}、10^{-3}、10^{-4})。

③各取 1 μL 稀释后的菌液分别接种于 SD/Trp/Leu/His/Ade 缺陷型培养基上。设置阳性对照组、阴性对照组、空载共转化对照组以及重组质粒与空载共转化对照组，30℃ 倒置培养 1~2 d，观察酵母的生长情况。

(2) 验证诱饵载体的自激活性

①观察生长在 SD/Trp/Leu 培养基的含有诱饵表达载体与空载 pGADT7-T 的 Y2HGold 酵母菌株活性。

②选取单克隆划线于 SD/Trp/Leu/His/Ade/X-α-Gal、SD/Trp/Leu/His/Ade 和 SD/Trp/Leu 营养缺陷型培养基上。

③30℃ 倒置培养 1~2 d。

④观察并比较酵母菌落的生长状态和颜色变化，判断诱饵载体对酵母细胞是否有自激活活性。

【思考题】

1. 试分析本实验设置阴性对照和阳性对照的作用。

2. 在本实验中，为什么需要将目标蛋白分别与 DNA 结合域和转录激活域融合？如果交换融合方向(如蛋白 X-BD+蛋白 Y-AD 与蛋白 Y-BD+蛋白 X-AD)，结果可能有何差异？

3. 试比较酵母双杂交与其他蛋白互作方法的优缺点？

实验 25　利用双分子荧光互补(BiFC)技术验证两种已知蛋白间的相互作用

【实验目的】

1. 学习使用 BiFC 方法在烟草活体细胞中验证两种蛋白间的相互作用。

2. 掌握 BiFC 的原理及操作流程。

3. 学习正确使用激光共聚焦显微镜。

【实验原理】

双分子荧光互补(bimolecular fluorescence complementation，BiFC)技术是一种用于检测蛋白质相互作用的荧光技术，在荧光蛋白(YFP、GFP、Luciferase 等)的两个 β 片层之间的环结构上有许多特异性位点，这些位点可以插入外源蛋白而不影响荧光蛋白的荧光活性。BiFC 技术正是利用荧光蛋白家族的这一特性，先将荧光蛋白分成两个不具有荧光活性的分子片段(N-端、C-端)，然后 N-端和 C-端分别融合两个目标蛋白——蛋白 A 和蛋白 B，如果蛋白 A 与蛋白 B 发生互作，则 N-端和 C-端在空间上靠近，就会形成完整的具有活性的荧光蛋白分子(图 4-1)，在激发光的激发下，荧

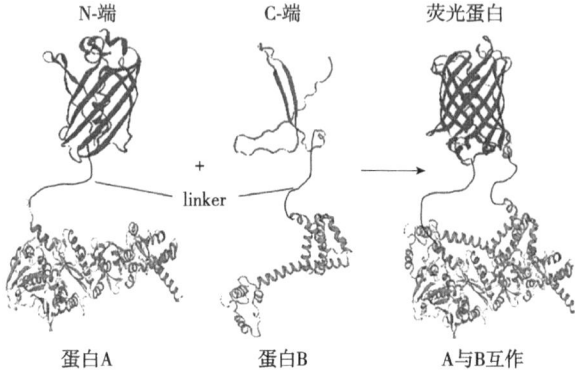

图 4-1　BiFC 载体构建原理

光蛋白发出荧光(图 4-2)。若蛋白 A 与蛋白 B 无互作，则不能被激发荧光。这种荧光的恢复为目标蛋白质相互作用提供了直观证据。

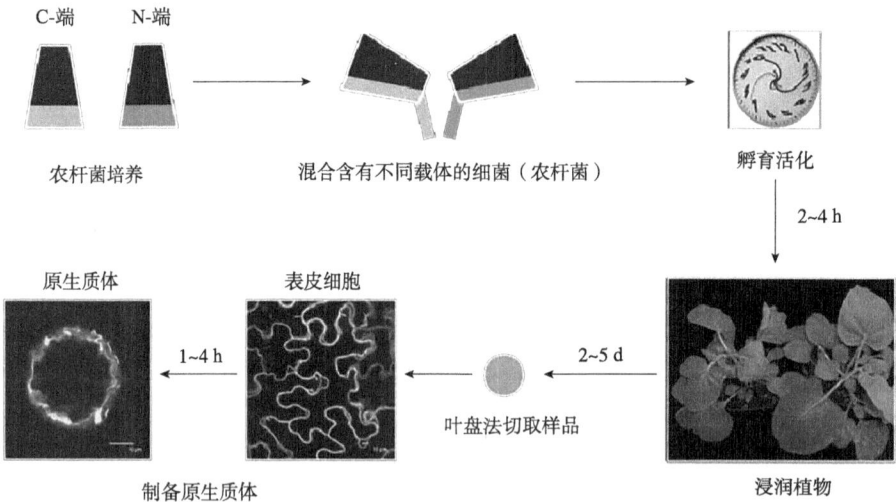

图 4-2　BiFC 实验流程

(Waadt et al.，2008)

本实验通过 BiFC 检测病原菌蛋白与寄主效应蛋白的相互作用。前期已将 C-端与病原菌蛋白、N-端与寄主效应蛋白融合，得到两个目标载体，并对其分别转入农杆菌 GV3101。

【实验准备】

(1)仪器用具

超净工作台，冷冻离心机，人工气候箱，制冰机，摇床，恒温培养箱，紫外分光光度

计，激光共聚焦显微镜，移液器和枪头，尖头镊子，离心管，注射器等。

（2）材料与试剂

农杆菌（已转入带目的基因的载体），本氏烟草，MES，利福平（Rif），卡那霉素（Kana），YEP 培养基，乙酰丁香酮，氯化镁，双蒸水等。

【实验步骤】

①挑取含有目的载体的农杆菌单克隆至含有 50 μg/mL 卡那霉素和 50 μg/mL 利福平的 5 mL YEP 培养基中，28℃、200 r/min 过夜培养。

②移取 1~20 mL 农杆菌菌液至含有 50 μg/mL 卡那霉素和利福平的 YEP 培养基中扩大培养。在 28℃、200 r/min 条件下培养至农杆菌生长的对数期（OD_{600} = 0.5~0.6）。

③4℃、5 000 r/min 离心 10 min，收集菌体，用浸染液（含 10 mmol/L 氯化镁，10 mmol/L MES，150 μmol/L 乙酰丁香酮，pH 值 5.6）悬浮农杆菌菌体至 OD_{600} = 1.0，室温静置 2~3 h。

④等体积混合两种含有不同质粒的菌体，先用 1 mL 注射器的针头在烟草叶片背面轻轻划开一个小口（注意不要刺穿），再用去掉针头的针管吸取菌液，从叶片伤口处注射进入叶肉中。用记号笔标记烟草叶片的水渍状区域，将注射后的植株黑暗培养 24 h。

⑤将注射后叶片取下，用尖头镊子撕取面积 1 cm×1 cm 的上表皮置于载玻片上，滴一滴双蒸水，置于激光共聚焦显微镜下观察。

【注意事项】

①选择健康、壮年的烟草叶片（叶脉较少）进行注射，皱缩叶片不易注射，衰老叶片的表达效率较低。叶片气孔打开的时候比较容易注射，因此最好在白天注射。

②农杆菌菌液浓度是需要摸索的参数，OD_{600} = 1.0 并不一定适用于所有的基因，高浓度可能导致叶片死亡或影响定位结果，建议设置不同浓度梯度进行比较，在获得荧光信号的前提下尽量采用低浓度的菌液。

③不同外源基因的瞬时表达效率大不相同，这一点在单个基因的亚细胞定位实验中表现特别明显，效率高者基本每次都能实现发光，低者可能转 10 次仅能表达 1~2 次，建议在 BiFC 之前先进行亚细胞定位评价两个基因的表达效率，以便调整两个质粒的转化条件。

【思考题】

1. 列举 BiFC 实验中必须设置的阴性对照和阳性对照。

2. 假设 BiFC 实验中检测到的荧光信号较弱，如何优化？

实验 26　本氏烟草亚细胞定位观察

【实验目的】

1. 了解蛋白质的功能（确定蛋白质在细胞中的作用场所，研究蛋白质的相互作用）。

2. 学习农杆菌在本氏烟草体内瞬时表达的方法。

3. 掌握激光共聚焦显微镜的使用方法。

【实验原理】

先将目的基因与易于检测的报告基因进行融合，构建融合基因表达载体，表达融合蛋白，然后借助报告基因表达产物的特征来定位目的蛋白质。绿色荧光蛋白（GFP）能自我催化形成发色结构并在蓝光激发下发出绿色荧光，所以可以与目标蛋白融合，作为荧光标记分子，特异性地进行蛋白质的亚细胞定位。由于绿色荧光蛋白不仅能在蛋白质的N-端或C-端融合而保持其天然蛋白的特性，而且灵敏度高、对活细胞无毒害作用，所以广泛应用。此外，红色荧光蛋白（RFP、mCherry）、黄色荧光蛋白（YFP）和蓝色荧光蛋白（BFP）以及它们的增强型 ERFP、EYFP、EBFP 等，这些改造使荧光蛋白的应用更为广泛。

【实验步骤】

（1）实验器材

超净工作台，冷冻离心机，人工气候箱，摇床，恒温培养箱，紫外分光光度计，激光共聚焦显微镜，移液器和枪头、离心管，注射器等。

（2）材料与试剂

农杆菌 GV3101（已转入带目的基因的载体），本氏烟草，YEP 培养基，0.5 mol/L MES，利福平，卡那霉素，YEP 培养基，100 mmol/L 乙酰丁香酮溶液，1 mol/L 氯化镁溶液，双蒸水等。

【实验步骤】

①准备培养 4~5 周长势较好的本氏烟草。

②移取 1 mL 农杆菌(已转入目的基因载体农杆菌 GV3101)菌液至 20 mL 含有利福平(浓度为 50 μg/mL)的 YEP 培养基中扩大培养。在 28℃、200 r/min 条件下培养至农杆菌生长的对数期(OD_{600} = 0.6~0.8)。

③菌液 4℃、4 000 r/min 离心 10 min，收集菌体，用浸染液(含 10 mmol/L 氯化镁，10 mmol/L MES，150 μmol/L 乙酰丁香酮，pH 值 5.6)悬浮农杆菌菌体至 OD_{600} = 0.6~0.8。室温静置 2~3 h，分光光度计测量菌液的吸光度。

④先用 1 mL 注射器的针头在烟草叶片背面轻轻划开一个小口(注意不要刺穿)，再用去掉针头的针管吸取菌液，从叶片伤口处注射进入叶肉中。用记号笔标记烟草叶片的水渍状区域。

⑤注射后的植株于 21℃条件下黑暗培养 24 h，继续正常光照培养 24 h 后观察烟草注射农杆菌的区域有无荧光。撕取烟草叶片标记区域进行观察，根据不同的荧光表达载体选择不同的激发光。

【思考题】

1. 为什么要对注射后的植物进行黑暗培养？

2. 试分析浸染液加入乙酰丁香酮的目的。

实验 27 利用实时荧光定量检测目的基因表达量

【实验目的】

1. 掌握 RNA 提取及反转录的方法。
2. 掌握实时荧光定量 PCR 的原理及操作流程。
3. 学习分析荧光定量数据。

【实验原理】

实时荧光定量 PCR(real-time quantitative PCR,RT-qPCR),通过荧光染料或荧光标记的特异性探针,标记跟踪 PCR 产物进行实时检测,利用与之相适应的软件对产物进行分析,生成荧光扩增曲线,计算待测样品模板的初始浓度。

荧光定量 PCR 的扩增曲线可分为 4 个阶段进行描述,即基线期、指数增长期、线性增长期和平台期。实时荧光定量 PCR 中的 3 个概念,即基线、阈值和 CT 值,是理解其原理的关键。在线性图谱中,基线体现在与 X 轴平行的部分;在对数图谱中,基线体现在背景信号杂乱的部分,系统会自动形成基线的起始循环数和终止循环数,也可手动调节。荧光阈值是指荧光强度临界值,将它界定为 3~15 个循环的荧光信号标准差的 10 倍。在扩增曲线里,穿过阈值与 X 轴形成的平行线即为阈值线,系统可自动形成,也可手动设置,手动设定阈值时,在指数增长期内重复性好的范围内上下调节。CT 值是指荧光信号达到设定阈值时所经历的循环次数,其与靶点的初始量成反比。整个扩增过程,基线决定阈值,阈值决定 CT 值,为了保证实验结果的准确性,需保证扩增曲线的基线和阈值设置的合理性。

实时荧光定量分为绝对定量和相对定量。绝对定量也称标准曲线法,是一种利用已知标准曲线来定量未知样本目的模板起始量的方法。相对定量可分析某一靶基因在不同样品之间、同一样品的不同部位之间以及某一样品的某一部位在不同时期之间 mRNA 水平上表达量的比值,也可分析靶基因与内参基因在同一样品中拷贝数的比值。在相对定量中,需要用内参基因来消除因模板浓度差异带来的误差,进而对靶基因的初始量进行校正。常用的有标准曲线法和 CT 值比较法。

【实验准备】

(1)实验器材

普通 PCR 仪,实时荧光定量 PCR 仪,冷冻离心机,移液器和枪头,灭菌离心管,PCR 管等。

(2)材料与试剂

已构建好的克隆质粒,RNA 提取试剂,异丙醇,双蒸水,75%乙醇溶液,反转录试剂盒,Trizol,gDNA wiper Mix,Hieff® qPCR SYBR Green Master Mix(High Rox Plus)等。

【实验步骤】

(1) RNA 提取

根据 RNA 提取试剂说明书，如 RNA-easy 试剂盒提取待测植物总 RNA，具体操作如下：

①将新鲜组织经液氮速冻，迅速转移至液氮预冷的研钵，研磨，其间不断加入液氮，直至研磨成粉末状(无明显颗粒)。

②将研磨成粉末的样品转移至离心管，每 25 mg 组织加入 500 μL Trizol，剧烈振荡或移液器吹打，使样品充分裂解。

③向裂解液中加入 2/5 体积的 RNase-free 双蒸水(每 500 μL RNA-easy 使用200 μL)，上下颠倒混匀，室温静置 5 min。

④11 200 r/min(12 000×g)室温离心 15 min。

⑤取出离心管，此时溶液分成上层水相(含 RNA)和深色的下层沉淀(含蛋白质、DNA、多糖等杂质)，小心吸取上层水相至一个新的离心管。

⑥加入等体积异丙醇，上下颠倒混匀，室温静置 10 min。

⑦11 200 r/min(12 000×g)室温离心 10 min，通常可以看见白色沉淀，小心弃上清液。

⑧加入 500 μL 75%乙醇(RNase-free 双蒸水配制)，轻弹管底，使沉淀悬浮，上下颠倒数次。

⑨9 100 r/min(8 000×g)室温离心 3 min，弃上清液。

⑩重复步骤⑧和⑨，弃上清液。

⑪室温放置晾干，加入适量的无菌双蒸水溶解沉淀，室温涡旋 3 min 或使用移液器反复吹打，使 RNA 沉淀充分溶解。提取 RNA 分装后在-85～-65℃长期保存。

(2) RNA 反转录为 cDNA

①基因组 DNA 去除。在无菌离心管中配制如下混合液(表 4-1)。

表 4-1 RNA 反转录体系

组分	体积/μL
无菌双蒸水	15
4×gDNA wiper Mix	4
模板 RNA	1

用移液器轻轻吹打混匀，放入普通 PCR 仪中进行反转录，反转录条件为：42℃ 2 min。

②配制逆转录反应体系。在步骤①的反应管中直接加入 4 μL 的 5×HiScript Ⅲ qRT SuperMix，用移液器轻轻吹打混匀。

③进行逆转录反应。反应体系②的反应条件为：37℃ 15 min，85℃ 5 s。

(3) qPCR 反应

①反应体系(冰上配制)(表 4-2)。取用反转录合成的 cDNA 为模板，将试剂盒中试剂与 cDNA 配成 20 μL 反应体系并轻轻混匀。

表 4-2 qPCR 反应体系

组分	体积/μL	终浓度
Hieff® qPCR SYBR Green Master Mix(High Rox Plus)	10	1×
Forward Primer(10 μmol/L)	0.4	0.2 μmol/L

（续）

组分	体积/μL	终浓度
Reverse Primer(10 μmol/L)	0.4	0.2 μmol/L
模板 DNA	2	—
无菌双蒸水	7.8	—

②反应程序。将上述配好的反应体系置于 qPCR 仪，设置如下程序进行 PCR 扩增（表4-3）。

表4-3　qPCR 反应程序

循环步骤	温度/℃	时间	循环次数/次
预变性	95	5 min	1
变性	95	10 s	40
扩增反应	55~60(根据引物确定)	30 s	
溶解曲线	仪器默认设置		1

【注意事项】

①如果模板具有复杂二级结构或高 GC 区域，反转录时可将反应温度提高至 50℃，有助于提高产量。

②反转录产物可立即用于 qPCR 反应或置于 -20℃ 冰箱保存，并在半年内使用；长期存放建议分装后置于 -70℃ 冰箱保存。cDNA 应避免反复冻融。

③qPCR 反应体系使用前务必充分混匀，避免剧烈振荡产生过多气泡。

④qPCR 预变性时间可根据不同模板和引物的具体情况缩短至 2 min。

⑤荧光信号采集应按照仪器使用说明书要求进行实验程序设置，几种常见仪器的时间设置如下：

30 s 以上：Applied Biosystems Step One，Applied Biosystems Step One Plus，Applied Biosystems 7500 Fast，Roche Applied Science Light Cycler 480，Bio-Rad CFX96。

31 s 以上：Applied Biosystems 7300。

34 s 以上：Applied Biosystems 7500。

【思考题】

1. 提取 RNA 时为什么要加入异丙醇？

2. 试分析绝对荧光定量与相对荧光定量应用上的区别。

实验 28　基于 CRISPR/Cas9 构建水稻 *PEAMT1* 基因编辑载体

【实验目的】

1. 学习目标基因编辑（敲除）靶点的设计。

2. 掌握目标基因编辑(敲除)载体的构建。

3. 学习使用限制性核酸内切酶。

【实验原理】

CRISPR/Cas9 是一种新型的基因编辑系统，由于该系统具有操作简便、成本低、效率高等优点，目前在动植物及微生物基因功能研究中得到了广泛应用。例如，通过该系统可提升农作物的产量和品质、增强植物对非生物胁迫的抗性、解析植物响应病虫害的机理等。

CRISPR/Cas9 的两个主要元件为 gRNA(guide RNA)和 Cas9 蛋白。该系统编辑基因的基本步骤如图 4-3 所示。首先，gRNA(其中 spacer 序列与目标基因的一条链互补，另一条互补链相应的序列为 protospacer)指引 Cas9 蛋白寻找目标基因(通过 gRNA 与目标基因互补序列进行寻找)；接着，由于 gRNA 与目标基因序列具有互补作用，Cas9 蛋白结合于目标基因上；随后，由于 Cas9 蛋白具有内切核酸酶的活力，在目标基因 PAM 序列(protospacer adjacent motifs，PAM，即原间隔邻近基序，为 NGG)的 5′端上游 3~5 个碱基处切断 DNA 双链。被切开的双链 DNA 即为受损 DNA，生物体利用自身修复可将受损的 DNA 采取非同源末端连接(non-homologous end joining，NHEJ)和同源重组(homology-directed repair，HDR)两种方式进行修复连接(主要为 NHEJ 修复)，而在修复过程中会导致原 DNA 序列的缺失、插入或碱基改变等，从而实现对目标基因的编辑敲除。

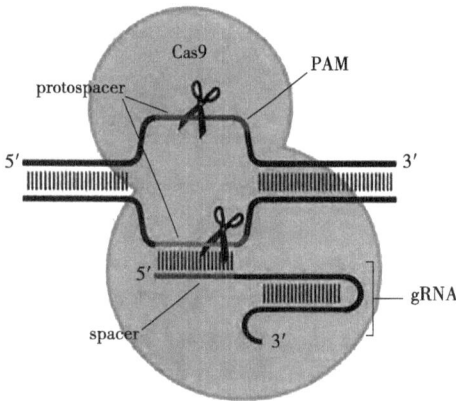

图 4-3 CRISPR/Cas9 基本步骤

根据以上原理，若先将 Cas9 蛋白基因和 gRNA 克隆至基因编辑载体中，然后利用该编辑载体对研究材料进行遗传转化，便可实现对目标基因的精准编辑。由上可知，编辑载体构建的核心在于 gRNA 的生成。其中 gRNA 的一部分序列须与目标基因互补，该序列便是编辑靶点(一般为 20 bp 左右，且在目标基因 NGG 的上游)。若对目标基因进行高效编辑，可同时设计多个靶点(第一外显子区可实现高效编辑)。此外，gRNA 的茎环结构(又称发夹结构)对基因编辑也尤为重要，该结构可通过中间载体(具有 U6/U3 启动子)来实现。

【实验准备】

(1)实验器材

PCR 仪，凝胶成像仪，电泳仪，恒温水浴锅，离心机，移液器和枪头，恒温培养摇床，超净工作台等。

(2)材料与试剂

大肠杆菌(Escherichia coli)感受态细胞 DH5a，中间载体 pYLgRNA-OsU3a，CRISPR/Cas9 表达载体 pYLCRISPRCas9Pubi-H，限制性核酸内切酶 BsaI、LguI 和 ECO32I，T4 Ligase，T4 Ligase Buffer，质粒提取试剂盒，Taq 酶，卡那霉素，氨苄霉素等。

LB 液体培养基(以 1 000 mL 为例)：称取 10 g 胰蛋白胨、5 g 酵母提取物和 10 g 氯化钠，加至 1 000 mL 蒸馏水中，用 5 mol/L 氢氧化钠溶液调节 pH 值至 7.0，高压灭菌，冷却备用。

LA 液体培养基：向 LB 液体培养基中加入适量氨苄霉素(Ampn)，大肠杆菌筛选浓度一般为 50~100 μg/mL。

LK 液体培养基：向 LB 液体培养基中加入适量卡那霉素(kana)，大肠杆菌筛选浓度一般为 50~100 μg/mL。

【实验步骤】

(1)设计水稻 *PEAMT1* 基因双靶点

利用 CRISPR Primer Designer 引物设计软件对水稻 *PEAMT1* 基因序列进行搜索，找到符合条件的两个 PAM 和靶点接头引物，分别命名为 AMT1-Y1 和 AMT1-B1。然后在 NCBI 网站对这些靶点接头引物进行特异性分析，选取特异性最高的靶点引物用于构建载体。

(2)获取 gRNA 片段

采用 PCR 技术获得 gRNA 片段，PCR 反应体系(50 μL)为正向引物 5 μL、反向引物 5 μL、双蒸水 40 μL。PCR 反应参数见表 4-4。

表 4-4　PCR 反应参数设置

反应	温度/℃	时间/min
预变性	95	10
变性	55	10
退火	14	5

(3)构建 *OsPEAMT1* 基因双靶点的中间载体

①对两个靶点(AMT1-Y1 和 AMT1-B1)进行酶切，并与相应载体进行连接。每个靶点的中间载体构建体系为 10 μL。

②AMT1-Y1 构建体系。将 2 μL gRNA 片段、1.5 μL 载体 pYLCRISPRCas9Pubi-H、0.5 μL BsaI、T4 Ligase 0.5 μL、1 μL T4 Ligase Buffer、4.5 μL 双蒸水加至无菌离心管中，混匀并置于 37℃培养箱培养 2 h。

③AMT1-B1 构建体系：将 2 μL gRNA 片段、1.5 μL 载体 pYLgRNA-OsU3a、0.5 μL BsaI、0.5 μL T4 Ligase、1 μL T4 Ligase Buffer、4.5 μL 双蒸水加至无菌离心管中，混匀并置于 37℃培养箱培养 2 h。

(4)转化 *OsPEAMT1* 基因双靶点中间载体

①分别取 5 μL AMT1-Y1 和 AMT1-B1，加入 200 μL 大肠杆菌感受态细胞 DH5a，冰浴 30 min。

②将上步产物置于 42℃恒温水浴锅中热激 90 s，然后冰浴 2~5 min。

③分别加入 LK(AMT1-Y1)或 LA(AMT1-B1)液体培养基 500 μL，轻轻摇匀。

④置入 37℃摇床中，200 r/min 培养 45 min。

⑤将获得的菌液涂布于 LA(AMT1-B1)或 LK(AMT1-Y1)固体培养基上。

⑥置于 37℃恒温培养箱过夜培养。

（5）提取质粒

①分别挑取步骤（4）中的单克隆，接种至 50 μg/mL LK 或 LA 液体培养基中，置于 37℃摇床过夜培养。

②取 4 mL 活化菌液，10 000 r/min 离心 2 min，弃上清液。

③加入 250 μL Solution I 裂解液（含核糖核酸酶 A），重悬沉淀。

④加入 250 μL Solution II 裂解液，轻轻颠倒离心管数次。

⑤加入 350 μL Solution III 裂解液，轻轻颠倒离心管数次，直至出现白色絮状物；12 000 r/min 离心 10 min，留上清液。

⑥将上清液转移至核酸纯化柱中，12 000 r/min 离心 1 min，弃滤液。

⑦加入 500 μL Buffer W1，12 000 r/min 离心 30 s，弃滤液。

⑧加入 700 μL Buffer W2，12 000 r/min 离心 30 s，弃滤液；重复 1 次本步骤。

⑨将纯化柱置于收集管中，12 000 r/min 离心 2 min，取出核酸纯化柱并置于 1.5 mL 离心管中，加入 50 μL 洗脱液，并于室温静置 2~5 min，12 000 r/min 离心 2 min，收集洗脱液（含有 DNA），洗脱液置于 –20℃冰箱中保存备用。

⑩取 5~10 μL 提取的质粒，采用 1%琼脂糖凝胶电泳检测。

（6）构建 *OsPEAMT1* 基因双靶点的编辑载体

将构建好的 AMT1-Y1 和 AMT1-B1 载体进行酶切和连接。酶切和连接体系（10 μL）为 1 μL AMT1-Y 质粒、1.5 μL AMT1-B1 质粒、0.5 μL LguI 限制性核酸内切酶、0.5 μL T4 Ligase、1 μL T4 Buffer、5.5 μL 双蒸水。将配制好的体系置于 37℃培养箱培养 2 h，然后转化大肠杆菌，转化步骤与步骤（4）相同。

（7）菌落 PCR 鉴定

挑取步骤（6）中的 10 个单克隆进行扩大培养，培养后进行菌落 PCR 鉴定，鉴定引物为 yl-F：5′-ACCGGTAAGGCGCGCCGTAGT-3′、Pbw2-R：5′-GCGATTAAGTTGGGTAACGCCAGGG-3′。

PCR 鉴定体系（20 μL）为菌液 1 μL、1 μL 正向引物（yl-F）、1 μL 反向引物（Pbw2-R）、0.5 μL Taq 酶、2 μL 10×缓冲液，加双蒸水补足至 20 μL。PCR 反应条件：94℃ 5 min；94℃ 30 s；60℃ 30 s；72℃ 1 min（25 cycles）；72℃ 10 min。反应结束后，取 5 μL 产物进行 1%琼脂糖凝胶电泳检测。

（8）质粒酶切鉴定

提取步骤（6）中的质粒，质粒提取方法见步骤（5）。提取的质粒用限制性核酸内切酶 ECO32I 进行酶切，酶切反应条件为 37℃，2 h，酶切反应体系（以双蒸水补足 20 μL）见表 4-5，将菌落 PCR 和酶切鉴定正确的菌液测序。测序结果若与原始序列一致，说明载体构建成功。

表 4-5　酶切反应体系　　　　　　　　　　　　　　μL

试剂	体积	试剂	体积
10×Buffer	2.0	限制性核酸内切酶	0.5~0.8
质粒	10.0		

【思考题】

1. 试分析基因编辑(敲除)靶点的设计应注意的事项。

2. 为什么编辑(敲除)靶点设计在基因第一外显子较适宜?

3. 试分析基因调控区如启动子可否用于基因编辑。

第5章

物质代谢与转化

实验 29　植物组织丙酮酸含量的测定

【实验目的】

1. 掌握植物组织丙酮酸提取及分光光度法测定的基本原理。
2. 探究植物在不同生理状态下丙酮酸含量的变化及其代谢意义。
3. 学习通过标准曲线法对丙酮酸进行定量分析。

【实验原理】

丙酮酸是植物代谢网络的核心节点分子，是糖酵解途径的关键中间产物。丙酮酸连接糖酵解、三羧酸循环、丙氨酸合成及脂质代谢等多条通路，其动态含量反映细胞能量供需平衡及逆境响应状态。例如，干旱胁迫下线粒体丙酮酸脱氢酶活力受到抑制，导致胞质丙酮酸积累，进而通过激活抗氧化系统缓解氧化损伤。近年来，随着植物代谢组学与合成生物学的快速发展，精准测定植物组织丙酮酸含量成为解析碳氮分配效率、优化抗逆作物设计及评估生物燃料合成潜力的关键技术。

在酸性条件下，丙酮酸的酮基与 2,4-二硝基苯肼(DNPH)特异性缩合生成丙酮酸-2,4-二硝基苯腙。该产物在碱性环境(如氢氧化钠溶液)中发生分子重排，形成红棕色络合物，其在波长 520 nm 处的吸光度与丙酮酸浓度呈线性正相关。相较于高效液相色谱(HPLC)或酶联法，DNPH 法无须昂贵设备或复杂纯化步骤，兼具高灵敏度(检测限可达 0.1 μg/mL)和强抗干扰性，尤其适用于植物粗提液中微量丙酮酸的快速检测。

【实验准备】

(1)仪器用具

可见光分光光度计，研钵，离心机，移液器和枪头，恒温水浴锅，离心管等。

(2)材料与试剂

植物组织样本(洋葱或大蒜)，1.5 mol/L 氢氧化钠溶液，8%三氯乙酸溶液(当日配制，置于 4℃冰箱备用)。

60 μg/mL 丙酮酸标准溶液：7.5 mg 丙酮酸用 8%三氯乙酸溶解，转入 100 mL 容量瓶，定容。

0.1%(w/v) 2,4-二硝基苯肼溶液：称取 0.1 g 2,4-二硝基苯肼粉末，溶于 100 mL 2 mol/L 盐酸中，盛入棕色试剂瓶，置于4℃冰箱备用。

【实验步骤】

(1)样品处理

称取 5 g 洋葱或大蒜，先于研钵中加入少许石英砂及少量8%三氯乙酸溶液，匀浆，再用8%三氯乙酸洗入 100 mL 容量瓶中(石英砂留在研钵内)，定容。静置 30 min，取 10 mL 匀浆液 4 000 r/min 离心 10 min，取上清液备用。

(2)丙酮酸标准曲线的制作

取 7 支试管，按表 5-1 所列顺序加入试剂。

表 5-1　丙酮酸标准曲线制作

操作项目	试管编号						
	1	2	3	4	5	6	7
60 μg/mL 丙酮酸标准溶液/mL	0	0.6	1.2	1.8	2.4	3.0	0
上清液/mL	0	0	0	0	0	0	3.0
8%三氯乙酸溶液/mL	3.0	2.4	1.8	1.2	0.6	0	0
0.1% 2,4-二硝基苯肼溶液/mL	1.0						
1.5 mol/L 氢氧化钠溶液/mL	5.0						
反应条件	摇匀显色，于波长 520 nm 处比色						
A_1							
A_2							
$\overline{A}_{520}$							

(3)结果计算

$$w = \frac{m_1}{m_2 \times 1\,000} \tag{5-1}$$

式中，w 为样品中丙酮酸含量(mg/g 鲜重)；m_1 为标准曲线中查得的丙酮酸质量(g)；m_2 为样品鲜重(g)。

【思考题】

1. 为何选择 DNPH 法测定丙酮酸？该方法与其他方法(如酶法)相比有何优缺点？
2. 试分析植物组织中可能存在哪些物质影响实验结果，如何减少其对测定的影响？
3. 若实验结果显示黑暗处理下丙酮酸含量升高，可能反映何种代谢变化？

实验 30　发酵过程中无机磷的测定

【实验目的】

1. 掌握发酵过程中无机磷的测定方法(钼蓝比色法)。
2. 了解无机磷在微生物代谢及发酵过程中的作用与意义。

【实验原理】

无机磷(Pi)是微生物发酵过程中能量代谢的核心参与者，直接关系糖酵解、ATP 合成及底物磷酸化等关键过程。近年来，随着代谢组学与合成生物学的发展，动态检测发酵体系中无机磷的时空变化成为优化生物制造过程的重要手段，通过实时检测无机磷波动可解析碳磷代谢偶联机制，指导代谢工程改造。本实验基于钼蓝比色法，结合微生物发酵的实时检测需求，建立了一种高效、灵敏的无机磷定量分析方法。

酵母能使蔗糖和葡萄糖发酵产生乙醇和二氧化碳，此过程与无机磷将糖磷酸化有关。在酸性条件下，无机磷酸盐(PO_4^{3-})与钼酸铵反应生成磷钼酸络合物($H_3PO_4 \cdot 12MoO_3$)，随后抗坏血酸将磷钼酸中的 Mo^{6+} 选择性还原为 Mo^{5+}，形成稳定的磷钼蓝络合物，其蓝色深浅与磷/抗坏血酸含量成正比。该物质在波长 600 nm 处的吸光度与无机磷浓度呈线性关系，利用分光光度计可进行定量分析。该方法可测定发酵前后反应混合物中的无机磷含量，判断发酵过程中无机磷的消耗。

相较于荧光探针、离子色谱等新兴技术，钼蓝比色法因成本低、操作简便、抗干扰性强等优点，不仅适用于基础研究，还可拓展至工业发酵过程的实时检测，助力生物燃料、有机酸等产物的高效生产，尤其适用于复杂发酵体系的高通量检测。

【实验准备】

(1)仪器用具

可见光分光光度计，电子天平，离心机，恒温水浴锅，移液器和枪头，离心管，锥形瓶，量筒等。

(2)材料与试剂

蔗糖，5%三氯乙酸溶液，3 mol/L 硫酸和 2.5%钼酸铵等体积混合液，新鲜酵母。

磷酸盐溶液：称取 120.7 g 十二水磷酸氢二钠或 60 g 二水磷酸氢二钠和 20 g 磷酸二氢钾溶于蒸馏水，定容至 1 000 mL，置于 4℃冰箱备用。使用前稀释适当倍数。

标准磷酸盐溶液：将磷酸氢二钾在 110℃烘箱中烘干 2 h，冷却后称取0.109 8 g，用蒸馏水溶解，定容至 1 000 mL，即得每毫升含 25 μg 无机磷的标准磷酸盐溶液。

α-1,2,4-氨基萘酚磺酸溶液：将 0.25 g α-1,2,4-氨基萘酚磺酸、15 g 亚硫酸氢钠和 0.5 g 亚硫酸钠溶于 100 mL 蒸馏水。使用前稀释 3 倍。

【实验步骤】

(1)酵母发酵

称取 2~4 g 新鲜酵母和 1 g 蔗糖放入研钵研碎。加入 5 mL 蒸馏水和 5 mL 磷酸盐溶液研磨均匀。将匀浆转移至 50 mL 锥形瓶中，取出 0.5 mL 均匀的悬浮液立即加至已盛有 3.5 mL 三氯乙酸溶液的试管中，摇匀作为试样 1。将锥形瓶放入 37℃恒温水浴中，每隔 30 min 取出 0.5 mL 悬浮液立即加至已盛有 3.5 mL 三氯乙酸溶液的试管中，摇匀。共取 3 次，作为试样 2~4。将每个试样过滤后，得无蛋白滤液，备用。

(2)制作标准曲线

取 6 支试管，编号，按表 5-2 顺序加入试剂，充分混匀，37℃水浴保温 10 min，于 600 nm 处测定吸光度。以 A_{600} 值为纵坐标、含磷量为横坐标，绘制标准曲线。

表 5-2 标准曲线的绘制

操作项目	试管编号					
	1	2	3	4	5	6
标准磷酸盐溶液/mL	0	0.2	0.4	0.6	0.8	1.0
蒸馏水/mL	1.0	0.8	0.6	0.4	0.2	0
钼铵酸—硫酸等体积混合液/mL	2.5					
α-1,2,4-氨基萘酚磺酸钠溶液/mL	0.5					
反应条件	充分混匀后，37℃水浴保温 10 min，于波长 600 nm 处测量吸光度					
A_1						
A_2						
$\overline{A}_{600}$						

(3) 无机磷的测定

取 5 支干燥洁净的试管，编号后按表 5-3 顺序加入各试剂，充分混匀，37℃水浴保温 10 min，于波长 600 nm 处测量吸光度。从标准曲线上查取各试样的无机磷含量，以试样 1 的无机磷含量为 100%，计算酵母发酵30 min、60 min 和 90 min 后消耗无机磷的相对含量。

表 5-3 无机磷的测定

操作项目	试管编号				
	1	2(试样 1)	3(试样 2)	4(试样 3)	5(试样 4)
酵母发酵无蛋白滤液/mL	0	1.0	1.0	1.0	1.0
蒸馏水/mL	1.0	0	0	0	0
钼铵酸—硫酸等体积混合液/mL	2.5				
α-1,2,4-氨基萘酚磺酸钠溶液/mL	0.5				
反应条件	充分混匀后，37℃水浴保温 10 min，于波长 600 nm 处测量吸光度				
A_1					
A_2					
$\overline{A}_{600}$					

(4) 结果计算

酵母发酵不同时间后消耗无机磷的相对含量为：

$$w = 1 - \frac{w_n}{w_1} \times 100\% \tag{5-2}$$

式中，w 为无机磷消耗相对含量(%)；w_1 为试样 1 的无机磷含量，即发酵开始时的无机磷含量；w_n 为试样 n 的无机磷含量，即发酵 30 min(试样 2)、60 min(试样 3)、90 min(试样 4)时的无机磷含量。

【思考题】

1. 发酵液中无机磷含量的变化可能反映哪些微生物代谢活动？
2. 若样品中存在有机磷杂质，如何避免其对测定的干扰？

实验 31 糖酵解中间产物磷酸丙糖的鉴定

【实验目的】

1. 学习利用抑制剂研究中间代谢的方法。
2. 深入了解糖酵解代谢途径。

【实验原理】

糖酵解是指将葡萄糖降解为丙酮酸并伴随 ATP 生成的一系列反应，是生物有机体普遍存在的葡萄糖降解途径。在适当的实验条件下，酵母分解发酵液中的葡萄糖，产生中间产物——丙糖磷酸，同时释放能量，利用无机磷使 AMP 磷酸化为 ATP，并将部分能量储存在 ATP 中。因此，在酵母发酵过程中，可以通过测定发酵液中丙糖磷酸、无机磷和 ATP 浓度的变化了解糖酵解途径。

代谢过程正常进行时，中间产物的浓度往往很低，不易分析和鉴定。若加入某种酶的专一性抑制剂，则可使其中间产物积累，便于分析和鉴定。甘油醛-3-磷酸是糖酵解的中间产物，碘乙酸是甘油醛-3-磷酸脱氢酶的抑制剂，在发酵过程中加入碘乙酸可阻止甘油醛-3-磷酸的进一步转化而导致其积累，同时加入硫酸肼作为稳定剂，积累的甘油醛-3-磷酸便不会自发分解。利用羰基试剂 2,4-二硝基苯肼与甘油醛-3-磷酸在碱性条件下可形成甘油醛-3-磷酸-2,4-二硝基苯腙棕色复合物，其棕色深浅程度与甘油醛-3-磷酸浓度成正比的原理便可对糖酵解途径中的中间产物丙糖磷酸进行定量检测。

【实验准备】

(1) 仪器用具

恒温水浴锅，离心机，电子天平，试管，烧杯，玻璃棒等。

(2) 材料与试剂

干酵母，5%葡萄糖溶液，10%三氯乙酸溶液，0.75 mol/L 氢氧化钠溶液，0.002 mol/L

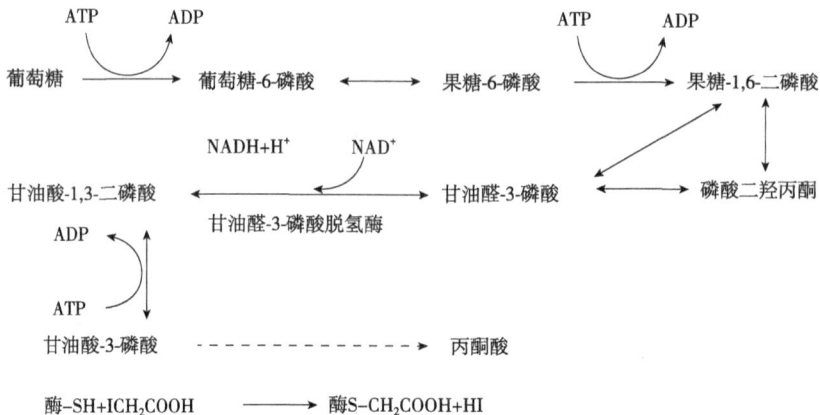

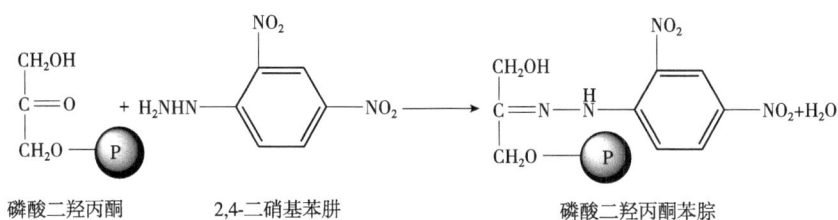

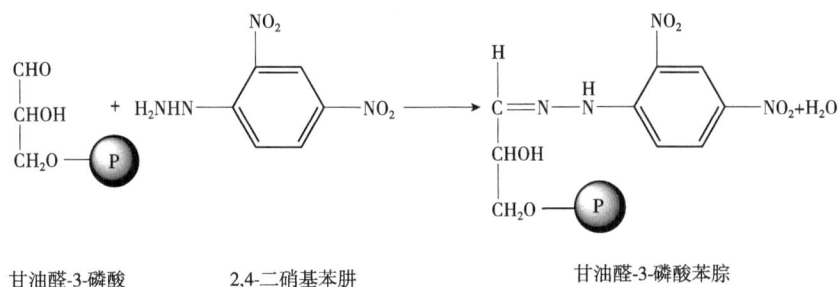

$$磷酸二羟丙酮 \quad + \quad 2,4\text{-}二硝基苯肼 \quad \longrightarrow \quad 磷酸二羟丙酮苯腙$$

$$甘油醛\text{-}3\text{-}磷酸 \quad + \quad 2,4\text{-}二硝基苯肼 \quad \longrightarrow \quad 甘油醛\text{-}3\text{-}磷酸苯腙$$

碘乙酸溶液。

0.1%(w/v)2,4-二硝基苯肼溶液：称取 0.1 g 2,4-二硝基苯肼粉末，加入适量 2 mol/L 盐酸溶解(如 50 mL 盐酸)，待完全溶解后，用盐酸定容至 100 mL。

0.56 mol/L 硫酸肼溶液：称取 7.28 g 硫酸肼溶于 50 mL 蒸馏水中，部分溶解后加入 0.75 mol/L 氢氧化钠溶液调节 pH 值至 7.4，此时硫酸肼完全溶解。

【实验步骤】

(1) 发酵过程的观察

取 3 支干燥试管，编号，分别加入 0.2 g 酵母，按表 5-4 所列加入试剂，混匀。37℃ 保温 30 min 后，观察酵母发酵气泡产生量，然后添加表 5-4 所列试剂终止发酵。

表 5-4　酵母发酵过程的观察　　　　　　　　　　　　　　　mL

操作项目	试管编号		
	1	2	3
5%葡萄糖溶液	5	5	5
10%三氯醋酸溶液	1	0	0
0.002 mol/L 碘乙酸溶液	0.5	0.5	0
0.56 mol/L 硫酸肼溶液	0.5	0.5	0
反应条件	37℃保温 30 min，观察记录气泡的产生量		
试剂	添加下列试剂终止发酵		
10%三氯乙酸溶液	0	1	1
碘乙酸溶液	0	0	0.5
硫酸肼溶液	0	0	0.5

注：于37℃保温过程中，每隔30分钟轻柔颠倒混匀发酵液1~2次，确保反应均匀。

(2) 磷酸丙糖的显色鉴定

将上述 3 支试管中的发酵液分别过滤，取滤液进行显色鉴定。按表 5-5 所列顺序加入试剂，观察记录各管颜色的深浅并对其进行解释。

表 5-5　发酵液显色鉴定　　　　　　　　　　　　　　　mL

操作项目	试管编号		
	1	2	3
滤液	0.5	0.5	0.5
0.75 mol/L 氢氧化钠溶液	0.5	0.5	0.5
反应条件	室温放置 5 min		
1% 2,4-二硝基苯肼溶液(w/v)	0.5	0.5	0.5
0.75 mol/L 氢氧化钠溶液	3.5	3.5	3.5
颜色深浅			
解释现象			

注：以+、++、+++表示颜色的深浅。

【思考题】

1. 实验中哪一发酵管生成的气泡最多？哪一管最后生成的颜色最深？为什么？
2. 碘乙酸和硫酸肼的作用分别是什么？

实验 32　脂肪酸 β-氧化

【实验目的】

1. 学习脂肪酸 β-氧化的反应历程。
2. 掌握测定 β-氧化作用的原理和方法。

【实验原理】

脂肪酸 β-氧化是指脂肪酸在一系列酶的作用下，从羧基端的 β 碳原子开始，每次断裂 2 个碳原子，生成乙酰辅酶 A(acetyl-CoA)和比原来少 2 个碳原子的脂肪酸的过程。这个过程发生在线粒体中，是一个逐步分解脂肪酸、释放能量的过程。β-氧化不仅影响脂肪酸代谢，也直接关系细胞中的其他代谢途径。脂肪酸 β-氧化是细胞内脂肪酸分解代谢的重要途径，对于能量产生和物质代谢具有关键意义。深入了解脂肪酸 β-氧化的实验原理，有助于更好地探究生物体内的能量代谢机制。

脂肪酸 β-氧化可分为以下 4 个主要步骤：

(1) 脂肪酸的活化

脂肪酸在 β-氧化前需要先在细胞质中活化，形成脂酰辅酶 A(acyl-CoA)。这个过程由脂酰辅酶 A 合成酶催化，消耗 1 分子 ATP 生成 AMP 和焦磷酸(PPi)，随后焦磷酸被水解，使反应不可逆。

（2）脂酰辅酶 A 进入线粒体

活化的脂酰辅酶 A 由于其长链脂肪酰基的疏水性，不能直接穿过线粒体内膜，而需要先与肉碱（carnitine）结合，形成脂酰肉碱，然后通过肉碱—脂酰转移酶 Ⅰ（carnitine acyltransferase Ⅰ）的作用，转移到线粒体内膜内侧。在线粒体内膜内侧，脂酰肉碱通过肉碱—脂酰转移酶 Ⅱ 的作用，重新生成脂酰辅酶 A 和肉碱。肉碱则被转运回细胞质，继续参与脂肪酸的转运。

（3）β-氧化的过程

①脱氢。脂酰辅酶 A 在脂酰辅酶 A 脱氢酶的作用下，α、β 碳原子之间脱氢，生成反 $\Delta 2$ 烯酰辅酶 A 和 $FADH_2$（图 5-1）。

②加水。反 $\Delta 2$ 烯酰辅酶 A 在 β-烯酰辅酶 A 水合酶的作用下，加水生成 L-β-羟酰辅酶 A。

③再脱氢。L-β-羟酰辅酶 A 在 β-羟酰辅酶 A 脱氢酶的作用下，脱氢生成 β-酮酰辅酶 A 和 $NADH+H^+$。

④硫解。β-酮酰辅酶 A 在 β-酮酰辅酶 A 硫解酶的作用下，与 1 分子 CoA-SH 反应，生成 1 分子乙酰辅酶 A 和比原来少 2 个碳原子的脂酰辅酶 A。

（4）能量生成

每轮 β-氧化生成 1 分子乙酰辅酶 A、1 分子 $FADH_2$ 和 1 分子 $NADH+H^+$。乙酰辅酶 A 进入三羧酸循环进一步氧化分解，产生更多的能量。$FADH_2$ 和 $NADH+H^+$ 通过呼吸链传递电子，生成 ATP。

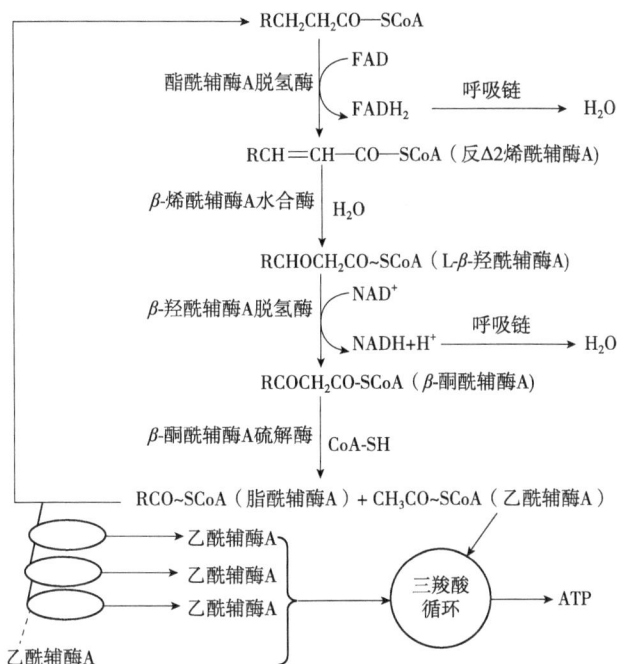

图 5-1　β-氧化的过程

脂肪酸 β-氧化与人体健康密切相关。任何影响 β-氧化能力的因素，如运动缺氧、脂代谢紊乱、肥胖或糖尿病等，都对运动时的脂肪氧化产生显著影响。在肝脏中，脂肪酸经 β-

氧化生成乙酰辅酶 A，2 分子乙酰辅酶 A 可缩合生成乙酰乙酸。乙酰乙酸可进一步脱羧生成丙酮，也可还原生成 β-羟丁酸。

本实验以丁酸为底物，与新鲜制备的动物肝脏组织匀浆在适宜条件下孵育，反应过程如下：

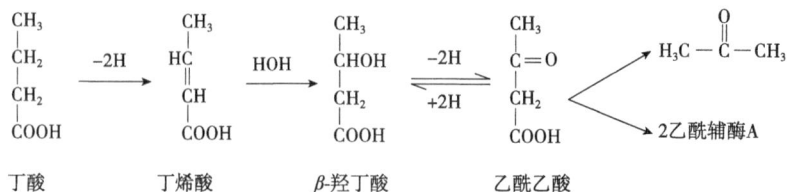

丙酮可利用碘仿反应测定，反应式如下：

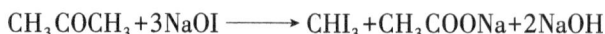

$$2HaOH+I_2 \longrightarrow NaOI+NaI+H_2O$$

$$CH_3COCH_3+3NaOI \longrightarrow CHI_3+CH_3COONa+2NaOH$$

剩余的碘可用标准硫代硫酸钠（$Na_2S_2O_3$）溶液滴定：

$$NaOI+NaI+2HCl \longrightarrow I_2+2NaCl+H_2O$$

$$I_2+2Na_2S_2O_3 \longrightarrow Na_2S_4O_6+2NaI$$

根据滴定样品与对照消耗的硫代硫酸钠标准溶液体积差，可以计算由丁酸氧化生成丙酮的量。

【实验准备】

（1）仪器用具

组织匀浆机或研钵，恒温水浴锅，试管和试管架，剪刀，镊子，锥形瓶，移液管等。

（2）材料与试剂

新鲜动物肝脏（家兔或大白鼠），0.5% 淀粉溶液，0.9% 氯化钠溶液，1/15 mol/L 磷酸缓冲液（pH 值 7.6），0.5 mol/L 丁酸溶液，15% 三氯乙酸溶液，10% 盐酸溶液，0.1 mol/L 碘溶液，0.01 mol/L 标准硫代硫酸钠溶液。

【实验步骤】

（1）肝糜的制备

先将新鲜动物肝脏用 0.9% 氯化钠溶液洗去表面污血，再用滤纸吸去表面的水分，称取 5 g 肝组织置于研钵，加入少许 0.9% 氯化钠溶液，将肝组织研磨成匀浆，再加入 0.9% 氯化钠溶液至总体积达 10 mL，低温保存备用（临用前制备）。

（2）酮体的生成

①取 2 支 50 mL 锥形瓶，按表 5-6 编号后分别加入试剂或材料。

表 5-6　酮体生成实验体系

锥形瓶编号	试剂/材料			
	磷酸盐缓冲液（pH 值 7.6）/mL	0.5 mol/L 正丁酸溶液/mL	蒸馏水/mL	肝匀浆/g
1（实验组）	3.0	2.0	—	2.0
2（对照组）	3.0	—	2.0	2.0

②将加入试剂的锥形瓶摇匀，置于 43℃ 恒温水浴锅中保温 40 min 后取出。

③向上述锥形瓶中分别加入 3 mL 15% 三氯乙酸溶液，在对照组中追加 2 mL 正丁酸，摇匀，室温放置 15 min 后过滤，收集滤液。

（3）酮体的测定

①另取 2 支 50 mL 锥形瓶，按表 5-7 编号后加入有关试剂，摇匀，放置 10 min。

表 5-7　酮体测定实验体系　　　　　　　　　　　　　　　　　　　mL

锥形瓶编号	试剂				
	滤液 1	滤液 2	蒸馏水	0.1 mol/L 碘溶液	10% 氢氧化钠溶液
Ⅰ（实验组）	2.0	—	—	3.0	3.0
Ⅱ（对照组）	—	2.0	—	3.0	3.0

②于各锥形瓶中滴加 3 mL 10% 盐酸溶液，用 0.01 mol/L 标准硫代硫酸钠溶液滴定剩余的碘。滴定至浅黄色时，加入 3 滴 0.5% 淀粉溶液作为指示剂，摇匀并继续滴至蓝色消失。记录滴定样品和对照组所用的标准硫代硫酸钠溶液的体积，并计算样品中的丙酮含量。

（4）结果计算

$$肝匀浆催化生成的丙酮含量（mmol/g）= (V_2 - V_1) \cdot c \qquad (5\text{-}3)$$

式中，V_1 为实验组消耗的 0.01 mol/L 标准硫代硫酸钠溶液体积（mL）；V_2 为滴定对照管消耗的 0.01 mol/L 标准硫代硫酸钠溶液体积（mL）；c 为标准硫代硫酸钠溶液的浓度（mol/L）。

【注意事项】

①肝匀浆要新鲜。

②碘容易升华，使用碘量瓶，滴定要快速。

③淀粉不能过早加入。

【思考题】

1. 什么是酮体？

2. 本实验如何计算样品中的丙酮含量？

实验 33　脂肪转化为糖的定性实验

【实验目的】

1. 学习生物体内脂肪转化为糖的基本原理、检验方法和生理意义。

2. 掌握脂肪转化为糖的反应历程。

【实验原理】

糖代谢、脂肪代谢和蛋白质代谢是相互联系的，三类物质之间可以相互转化。油料种子萌发时，细胞内出现许多乙醛酸循环体，甘油三酯会先水解为脂肪酸和甘油，然后进一步转化为糖类。这一过程中，脂肪酸进行 β-氧化以及乙醛酸循环等反应生成琥珀酸和乙醛酸。琥珀酸经糖异生作用转变为葡萄糖，同时，甘油分子可以形成丙酮酸，进而异生为葡萄糖(还原糖)。用费林试剂可检验还原糖的存在，从而定性地了解脂肪转化为糖的过程。

【实验准备】

(1)仪器用具

离心机，恒温水浴锅，研钵，比色板或白瓷板，剪刀，移液管，试管，烧杯，离心管，玻璃棒等。

(2)材料与试剂

黄豆种子和黄豆黄化幼苗(或蓖麻籽和蓖麻黄化幼苗)，蒸馏水，碘化钾—碘溶液等。

费林试剂：取 100 mL 蒸馏水，加入 3.5 g 硫酸铜晶体制成溶液 Ⅰ；另取 100 mL 蒸馏水，加入 17.3 g 酒石酸钾钠和 6 g 氢氧化钠制成溶液 Ⅱ。将溶液 Ⅰ 与溶液 Ⅱ 分装在两个试剂瓶中，使用时等体积混合。

【实验步骤】

(1)制浆

取适量黄豆种子和黄豆黄化幼苗(或蓖麻籽和蓖麻黄化幼苗)，分别用剪刀剪碎，加入适量蒸馏水，在研钵中研成糊状。

(2)与碘液反应

分别取少许两种糊状物，放入比色板孔内或白瓷板上，各加入 1 滴碘化钾—碘溶液，观察是否变为蓝色。

(3)过滤

分别将两种糊状物放入两个小烧杯中，各加入 10~15 mL 蒸馏水，煮沸，冷却后过滤。

(4)与费林试剂反应

各取 1~2 mL 滤液分别放入 2 支试管中，然后各加入 2 mL 费林试剂，于沸水浴中加热 2~3 min，观察试管中砖红色沉淀的生成情况。实验过程中严格控制反应条件，如温度、pH 值等，以确保实验结果的准确性。

(5)结果分析

①记录实验过程中的观察结果，比较两支试管内的颜色变化、沉淀生成并分析原因。

②根据实验结果，分析脂肪是否成功转化为糖。

③讨论可能影响实验结果的因素，如酶活力、反应条件等。

【思考题】

1. 在脂肪转化为糖的定性实验中，如何精准检测糖的生成？

2. 反应条件对转化有何影响？怎样确保实验结果的准确性？

第6章

生物化学综合实验与实验设计

实验 34　不同谷物及其制成品营养品质分析与比较

【实验目的】

1. 学习凯氏定氮法测定样品蛋白质含量。
2. 掌握谷物中灰分、水分、油脂及碳水化合物含量的测定方法。

【实验原理】

谷物(如小麦、大米、玉米等)及其制成品(如面粉、面包等)是人类饮食的主要来源，其营养品质分析对健康、农业、食品工业等领域具有重要价值。对现有谷物进行评价、利用，以及对原始材料(种质资源)及育成品系进行筛选，都需要测定种子的蛋白质含量。种子蛋白质含量的测定方法很多，一般可以分为间接法和直接法两类。凯氏定氮法是一种蛋白质含量间接测定方法，国际谷物化学委员会等机构都将凯氏定氮法定为谷物蛋白质含量测定的标准法。

蛋白质是生命的物质基础，是构成生物体细胞和组织的重要成分。蛋白质是含氮的有机化合物，是有机态氮的表现形式。样品与硫酸和催化剂一同加热消化可使蛋白质分解生成硫酸铵，然后碱化蒸馏使氨游离，先用硼酸吸收后再用盐酸标准溶液滴定，用酸的消耗量乘以换算系数即得蛋白质含量(图 6-1)。反应式表示如下：

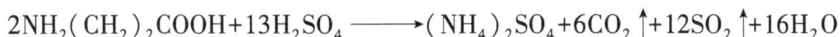

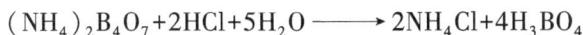

$$2NH_2(CH_2)_2COOH+13H_2SO_4 \longrightarrow (NH_4)_2SO_4+6CO_2\uparrow+12SO_2\uparrow+16H_2O$$

$$(NH_4)_2SO_4+2NaOH \longrightarrow 2NH_3\uparrow+Na_2SO_4+2H_2O$$

$$2NH_3+4H_3BO_3 \longrightarrow (NH_4)_2B_4O_7+5H_2O$$

$$(NH_4)_2B_4O_7+2HCl+5H_2O \longrightarrow 2NH_4Cl+4H_3BO_4$$

(1)仪器用具

可见光分光光度计，凯氏定氮仪，索氏抽提器，马弗炉，微量滴定管，干燥器，烘箱，电子天平，离心机，恒温水浴锅，瓷坩埚，三角瓶，称量瓶等。

(2)材料与试剂

米粉、面粉和玉米粉，0.1 mol/L 盐酸溶液，40%氧化钠溶液，4%硼酸溶液，浓硫酸，硫酸铜，硫酸钾，3,5-二硝基水杨酸，1 mg/mL 标准葡萄糖溶液，无水乙醚等。

【实验步骤】

(1) 米粉、面粉和玉米粉中粗蛋白的测定(凯氏定氮法)

①消化。消化样品前，要将实验仪器洗干净并烘干。同时将样品研磨。用电子天平称取 0.5 g 样品粉末(米粉、面粉和玉米面)，用硫酸纸桥加入消化管底部。注意：用硫酸纸称量药品，加样品时避免将样品沾到消化管壁。称取 0.5 g 硫酸铜(催化剂)和 3.0 g 硫酸钾(用于提高硫酸的沸点)加入消化管，用移液管量取 10 mL 浓硫酸加入消化管。注意：浓硫酸具有强烈的腐蚀性，避免沾到皮肤、衣服上以及地面上，如有溅出立即清除。另外，设置一空白样：消化管里加入 0.5 g 葡萄糖，其他与上管相同。架好消化管，将消化管的横梁密封好，两端用橡胶管接好并通入盛满水的桶中。接通电源，初始消化时电压调至 90 V，30 min 后调至 180 V。消化液变为绿色后继续加热 30 min。将橡胶管从桶中取出，关闭电源。静置至消化管冷却，备用蒸馏。

②蒸馏。定氮前，按说明接好水管，检查仪器是否正常。用一支空消化管接在蒸汽入口处，氨出口管处接上 250 mL 三角瓶，打开冷凝水阀门，开启仪器，蒸汽清洗定氮仪 30 min(将氢氧化钠管通入 50%氢氧化钠溶液中，打开氢氧化钠开关，抽提溶液进入消化管，使整个氢氧化钠管路中的水被氢氧化钠替换)。清洗完毕后，关闭电源。用盛有样品的消化管换下空消化管，用盛有 50 mL 4%硼酸溶液的三角瓶替换空三角瓶，加 1~2 滴指示剂至硼酸溶液三角瓶中，升高三角瓶直至氨出口管完全浸入硼酸溶液液面下。将氢氧化钠管通入 50%氢氧化钠溶液中，打开氢氧化钠开关，将 50 mL 50%氢氧化钠溶液加至消化管中，关闭氢氧化钠开关。打开进水开关，仪器启动完毕。当三角瓶中溶液的颜色变为蓝色继续蒸馏 10 min，调低三角瓶，用洗瓶冲洗氨出口管，关闭定氮仪。用空消化管替换蒸馏完毕的消化管，同时用空三角瓶替换溶液变为蓝色的三角瓶。启动仪器，将氢氧化钠管通入蒸馏水中，打开氢氧化钠开关，吸取 3 次蒸馏水，冲洗管道中的浓碱，关闭仪器。用 0.1 mol/L 盐酸溶液滴定溶液，直至溶液变为没有通入氨前的颜色，记录体积，计算样品的含氮量。

③样品含氮量的计算。按式(6-1)计算样品含氮量(含氮系数随种子的不同而异)。

$$\eta(\%) = \frac{0.1\ mol/L \times V_{滴定体积} \times 14 \times 含氮系数}{m_{样品质量}} \times 100\% \qquad (6\text{-}1)$$

(2) 粗脂肪的测定(索氏法)

①先将抽提瓶洗净后放入几粒沸石，然后置于烤箱中恒温干燥至恒重备用。

②将恒温水浴锅加入纯净水备用。

③分别称取 3 种实验用材料各 5.0 g，用滤纸包裹后放入抽提筒中，缓慢加入无水乙醚于抽提筒内至溶剂稍高于虹吸管，使乙醚流入烧瓶中，再加乙醚至虹吸管的 1/3 处(所加乙醚不能超过 50 mL)，装上冷凝管回流提取，调节恒温水浴锅温度，使乙醚冷凝后下滴频率为每秒 2 滴。

④提取 1.5 h 后，当乙醚从提取筒中全部流回烧瓶中便可停止加热，先提高冷凝管，用镊子取出滤纸筒，再放下冷凝管，继续蒸馏，当乙醚接近虹吸管高度时停止加热，待冷凝管中不滴下乙醚后，移走冷凝管，取出提取筒，将乙醚由虹吸管中倒入回收瓶，重新装好仪器，继续蒸馏，至冷凝管中不再滴下乙醚时即可停止加热。

⑤拆下仪器，取出平底烧瓶置于烤箱中恒温干燥至恒重，用减量法称取油脂质量，按式(6-2)计算含油率。

$$\eta_{含油率}(\%) = \frac{m_{油脂质量}}{m_{样品质量}} \times 100\% \tag{6-2}$$

(3)还原糖及总糖测定(3,5-二硝基水杨酸比色法)

实验方法见实验 11。

(4)样品中灰分及水分的测定(恒重法)

①样品中灰分的测定。清洗 2 个瓷坩埚置于烤箱干燥，用铅笔在瓷坩埚上标记，并放到马弗炉(600℃)中恒重 2 h。待温度降到 200℃ 左右时，将瓷坩埚取出放到干燥器中冷却至室温，用电子天平准确称量质量，记录数据。继续将瓷坩埚放到马弗炉中恒重 1 h，取出冷却后准确称出其质量，记下数据，两次数据的相对误差不超过 0.05% 便可使用。将瓷坩埚放在电子天平上，分别称取 1.0 g 种子材料放入其中，然后在电炉上炭化至无青烟飘出，把瓷坩埚放到马弗炉中(600℃)，4 h 后关闭马弗炉电源，待温度降至 200℃ 左右时取出瓷坩埚，待冷却后称量质量。再将瓷坩埚放回马弗炉(600℃)中恒重 1 h，待温度降到 200℃ 左右时取出瓷坩埚，待冷却后称量质量。两次数据的相对误差不超过 0.05% 即可。按式(6-3)计算灰分含量。

$$\eta(\%) = \frac{m_{灰分质量}}{m_{样品质量}} \times 100\% \tag{6-3}$$

②样品中水分的测定。将 2 个洗净的称量瓶置于烤箱恒温干燥至恒重备用。分别称取 2 g 种子材料于称量瓶中，然后置于烤箱中恒温干燥至恒重。用减量法称取称量瓶的质量。按式(6-4)计算水分含量。

$$\eta(\%) = \frac{m_{水分质量}}{m_{样品质量}} \times 100\% \tag{6-4}$$

【思考题】

1. 比较米粉、面粉和玉米粉中蛋白质、油脂、水分及灰分含量的差异。
2. 为什么利用凯氏定氮法测定出的蛋白质含量为粗蛋白含量？
3. 总糖测定时，为什么要用浓盐酸处理？而在其测定前，为何要用氢氧化钠中和？

实验 35　苯丙氨酸解氨酶的分离纯化与活力测定

【实验目的】

1. 掌握纯化酶的基本操作方法。
2. 学习一种常用的酶活力测定方法。

【实验原理】

苯丙氨酸解氨酶是植物体内苯丙烷类代谢的关键酶，与一些重要次生物质(如木质素、异黄酮类植保素、黄酮类色素等)的合成密切相关，在植物正常生长发育和抵御病菌侵害过程中起重要作用。苯丙氨酸解氨酶催化 L-苯丙氨酸裂解为反式肉桂酸和氨，反式肉桂酸在波长 290 nm 处有最大吸收值 A_{290}。若酶的加入量适当，A_{290} 值升高的速率可在几小时内保持不变，因此通过测定并分析 A_{290} 值的升高速率推算苯丙氨酸解氨酶活力。规定 A_{290} 值 1 h 内增加 0.01 为苯丙氨酸解氨酶的 1 个活力单位。酶的比活力是指样品中每毫克蛋白质所含的酶活力单位数。在实验中将会看到，随着苯丙氨酸解氨酶的逐渐纯化，其比活力也在逐步增加。向蛋白质溶液中加入一定量的中性盐(如硫酸铵、硫酸钠等)使蛋白质沉淀析出，称为盐析。溶液的盐浓度通常以盐溶液的饱和度来表示。沉淀某一种酶所需的浓度需要通过实验确定。

交联葡聚糖凝胶(商品名：Sephadex)是由细菌葡聚糖长链通过交联剂 1-氯-2,3-环氧丙烷交联而成。凝胶商品名后面的 G 值表示每克干胶吸水量(mL)的 10 倍。交联度大，网孔小；交联度小，网孔大。交联度还与凝胶颗粒的机械强度有关，交联度大，机械强度也大(硬胶)，在柱层析过程中流速快。因此，根据需要选用一定型号的凝胶作为柱层析介质。例如，蛋白质脱盐一般选用 G-25 或 G-50，而 G-100 至 G-200 可用于分离不同分子质量的蛋白质)。由于被分离物质的分子大小和形状不同，分子质量大的不能进入凝胶的网孔，而沿着颗粒间隙最先流出柱子；分子质量小的进入凝胶网孔中被阻滞而后流出柱子，从而达到分离的目的(图 6-2)。

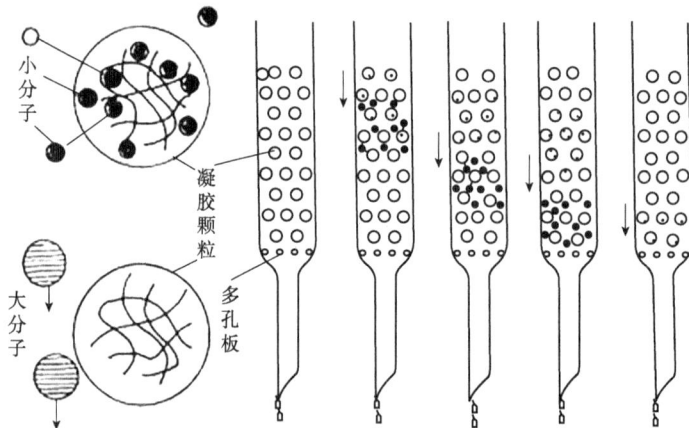

图 6-2 葡聚糖凝胶柱层析示意

【实验准备】

(1)仪器用具

高速冷冻离心机，研钵，恒温水浴锅，电子天平，可见光分光光度计，紫外分光光度计，层析柱，核酸蛋白自动分离纯化系统，剪刀，刻度试管，烧杯，量筒，滴管等。

(2)材料与试剂

新鲜马铃薯块茎，0.1 mol/L 硼酸—硼砂缓冲液(pH 值 8.7)，酶提取液，0.1 mol/L 硼酸—硼砂缓冲液(含 1 mmol/L EDTA，20 mmol/L β-巯基乙醇)，0.6 mol/L 苯丙氨酸溶液，2 mol/L 盐酸溶液，固体硫酸铵，0.02 mol/L 磷酸盐缓冲液(pH 值 8.0，含 0.5 mmol/L

EDTA、2.5%甘油、20 mol/L β-巯基乙醇)，Sephadex G-25。

100 μg/mL 标准蛋白质溶液：准确称取 10 mg 牛血清于烧杯中，用蒸馏水溶解，转移至 100 mL 容量瓶，定容，混匀。

考马斯亮蓝染液：称取 10 mg 考马斯亮蓝 G-250，溶于 5 mL 95%乙醇中，加入 10 mL 85%(w/v)磷酸溶液，混匀后即为母液。用时，按 15 mL 母液加 85 mL 蒸馏水的比例稀释，混匀后过滤即为稀释液。

【实验步骤】

(1) 提取粗酶液

①称取 5 g 马铃薯块茎，切成小块置于研钵，加入 10 mL 酶提取液后冰浴研磨。

②滤液转入离心管(可再用 5 mL 酶提取液冲洗研钵一并转入)，10 000 r/min 冷冻离心 15 min。

③取离心后的上清液(酶粗提液)，量出体积。从酶粗提液中吸取 1 mL 供后续活力测定之用(记为 E1)。余下酶液记录体积，重复步骤②操作。

(2) 硫酸铵分级沉淀酶蛋白

①根据余下的酶粗提液的实际体积、温度，参照附表 11 计算达 38%饱和度应加入酶液的硫酸铵量，并称取硫酸铵。注意：4℃时，硫酸铵浓度由 0 升至 38%，每 100 mL 酶粗提液需要加入的固体硫酸铵质量为 21.32 g；硫酸铵浓度由 38%升至 75%，每 100 mL 酶粗提液需要加入的固体质量为 26.30 g。

②将酶粗提液倒入烧杯，边缓慢搅拌边缓慢加入称取的固体硫酸铵，全部加完后继续缓慢搅拌 10 min；然后 10 000 r/min 冷冻离心 15 min，保留上清液于烧杯内。

③根据调整硫酸铵溶液饱和度计算表(附表 11)，算出从 38%到 75%饱和度所需硫酸铵用量。

④按上述同法处理，离心，弃去上清液，保留沉淀。

⑤将沉淀溶于 4 mL 酶粗提液中。取 1 mL 置于 4℃冰箱保存，测定酶活力备用(记为 E2)。

(3) Sephadex G-25 柱层析分离

①凝胶溶胀。称取适量 Sephadex G-25，加入适量 0.02 mol/L 磷酸盐缓冲液，在室温下溶胀。待溶胀平衡后，虹吸去除上清液中的细小凝胶颗粒，处理 2~3 次。

②装柱。固定好层析柱，使柱保持垂直，将 20 mL 蒸馏水装入柱内，打开止水夹赶走出口内气泡，当柱内保留约 1 mL 水层时，用玻璃棒把处理好的 Sephadex G-25 搅匀并一次加入柱内，待胶床表面仅有 1~2 cm 液层时，旋紧止水夹。装好的胶柱应无气泡、无分层、床面平整。

③上样。使胶床表面几乎不留液层，将剩余的 3 mL 酶粗提液小心注入胶床中央，注意不要冲坏床面，吸取 1 mL 0.02 mol/L 磷酸盐缓冲液，将吸附在玻璃壁上的沉淀洗入柱内，在床表面有 1 mL 左右液层时，小心地用滴管加入 5~6 cm 高的 0.02 mol/L 磷酸缓冲液洗脱。

④洗脱收集。取 5 支刻度试管(包括上面一支)，编号，柱床上面不断加 0.02 mol/L 磷酸盐缓冲液洗脱，出水口不断用刻度试管收集洗脱液，每管收集 3 mL。

⑤测定每管的苯丙氨酸解氨酶活力，合并苯丙氨酸解氨酶活力高的试管，记为酶洗脱

液(E3)。

（4）酶活力测定

①取6支试管，按表6-1所列加样(0号为调零管，其余为测定管)。

表6-1　酶活力测定

试剂	试管编号					
	E01	E1	E02	E2	E03	E3
0.1 mol/L 硼酸缓冲液/mL	3.90	3.90	3.90	3.90	3.90	3.90
酶液/mL	0.10 E1	0.10	0.10 E2	0.10	0.10 E3	0.10
0.6 mmol/L 苯丙氨酸溶液/mL	—	1.00	—	1.00	—	1.00
蒸馏水/mL	1.00	—	1.00	—	1.00	—
A_{290}						

②将各管混匀，放入40℃恒温水浴保温30 min，然后加入0.2 mL 2 mol/L盐酸溶液终止反应。

③紫外分光光度计预热10 min，于波长290 nm处测量各管的吸光度(A_{290})。

（5）蛋白质测定(考马斯亮蓝染色法)

①取0.1 mL酶液，用蒸馏水稀释至5 mL。根据Sephadex层析收集蛋白的吸光度简单估计样品的浓度，一般E1、E2稀释50倍，E3稀释10~20倍。

②取9支试管分为2组，按表6-2列加入各溶液。

表6-2　蛋白质含量标准曲线的绘制及样品测定

操作项目	试管编号								
	0	1	2	3	4	5	E1 稀释酶液	E2 稀释酶液	E3 稀释酶液
0.1 mg/mL 标准蛋白质溶液/mL	0	0.2	0.4	0.6	0.8	1.0	—	—	—
稀释酶液/mL	—	—	—	—	—	—	1	1	1
蒸馏水/mL	2	1.8	1.6	1.4	1.2	1	1	1	1
考马斯亮蓝染液/mL	2	2	2	2	2	2	2	2	2
A_1									
A_2									
$\bar{A}$									

③将上述各管混匀，静置2 min后于波长595 nm处测量各管的吸光度(A_{595})。

（6）结果计算

①绘制蛋白质测定的标准曲线。以1~5号管溶液的A_{595}值为纵坐标、相应管中的蛋白质质量为横坐标作图，根据标准曲线可计算出待测酶液的浓度(注意乘以稀释倍数)。

②酶液总活力计算。

$$1\ \text{mL 酶液的总活力(U)} = \frac{A_{290}}{0.01} \times 2 \times 10 \tag{6-5}$$

③苯丙氨酸解氨酶比活力计算。

$$酶的比活力 (U/mg) = \frac{酶液中苯丙氨酸解氨酶总活力}{酶液中的蛋白质质量} \qquad (6-6)$$

④无法处理的数据在相应的位置以"—"表示。

⑤将以上数据记入表 6-3，比较苯丙氨酸解氨酶纯化前后的总活力、比活力及蛋白质含量。

表 6-3　苯丙氨酸解氨酶纯化前后酶的总活力、比活力及蛋白质总量比较

操作步骤	苯丙氨酸解氨酶总活力/U	比活力/(U/mg)	蛋白质质量/mg
粗提 E1			
硫酸铵沉淀 E2			
凝胶层析 E3			

【注意事项】

①向酶液中加入固体硫酸铵时，注意不能有大颗粒，加入速度不能过快。

②层析柱要保持与地面垂直，向柱内加样时要小心，避免冲坏床面。

【思考题】

1. 在苯丙氨酸解氨酶比活力测定中，设置 0 号管和对照管有何目的？

2. 如何确定硫酸铵沉淀某所需酶蛋白质的最佳饱和度范围？

3. 在上述实验基础上继续分离纯化该酶的方法有哪些？

主要参考文献

陈佳丽，夏天，周其冈，2024. 检测蛋白质相互作用方法的进展[J]. 南京医科大学学报（自然科学版），44（4）：536-545.

陈平，王劲，李华，2024. 红松籽油的提取方法及生物活性研究进展[J]. 食品与机械，40（6）：233-240.

陈小静，闻乐嫣，向旭雯，等，2024. 水酶法提取毛叶山桐子油的工艺优化及其品质分析[J]. 中国油脂，49（12）：1-6.

陈义，2018. 生物化学与分子生物学实验技术——电泳技术[M]. 北京：化学工业出版社.

陈颖慧，2019. 5 种提取方法对茶油品质的影响[J]. 粮食与油脂，32（2）：33-37.

杜雅婷，于文君，李燕，等，2023. 基于 Golden Gate 高效构建 psiCHECK 双荧光素酶报告基因的方法及应用[J]. 山东第一医科大学（山东省医学科学院）学报，44（3）：180-185.

樊晋宇，崔宗强，张先恩，2008. 双分子荧光互补技术[J]. 中国生物化学与分子生物学报（8）：767-774.

高婉莹，吴宗震，左锟澜，等，2025. 生物安全与科技进步：中国生物安全实验室发展研究[J]. 中国生物工程杂志，45（Z1）：164-175.

国家质量监督检验检疫总局，中国国家标准化管理委员会，2003. 测量方法与结果的准确度（正确度与精密度）第 2 部分：确定标准测量方法重复性与再现性的基本方法：GB/T 6379.2—2004[S]. 北京：中国标准出版社.

侯利霞，尚小磊，王晓霞，等，2013. 超声波辅助水代法提取芝麻油工艺的研究[J]. 中国调味品，38（6）：61-63，67.

金镠洋，江轶，艾德生，2024. 高校实验室生物安全现状与发展对策[J]. 实验室科学，27（5）：204-211.

李慧婧，魏玉梅，孙豫，2025. 高校生物化学实验室安全管理建设与思考[J]. 实验室检测，3（1）：40-42.

李依娜，2017. 超声波辅助提取花生油的工艺研究[J]. 辽宁师专学报（自然科学版），19（1）：94-98.

刘普，李小方，刘一琼，等，2016. 超声辅助水代法提取芍药籽油工艺条件优化[J]. 中国油脂，41（5）：1-5.

卢洁，张桂荣，2004. 超声提取—毛细管气相色谱法分析植物细胞膜脂脂肪酸成分与含量研究[J]. 广西农业生物科学（2）：154-158.

聂永心，2018. 现代生物仪器分析[M]. 北京：化学工业出版社.

孙亚楠，任媛媛，田姗姗，等，2021. 生物化学与分子生物学教学和科研实验室安全管理实践[J]. 实验室科学，24（6）：200-204.

王华顺，张玲芳，刘华银，等，2025. 串联索氏提取法快速测定烟草种子中油脂质量分数[J]. 云南民族大学学报（自然科学版），34（1）：46-50.

杨雅新，宿时，钱志伟，等，2023. 超声波辅助提取黄蜀葵籽油脂及品质分析[J]. 河南农业（3）：52-53，56.

张禾璇，单可人，官志忠，2013. 报告基因研究及其应用进展[J]. 国际遗传学杂志，36（1）：6-12.

赵宁，敖新宇，李靖，2016. 植物生物化学实验指导[M]. 北京：高等教育出版社.

赵燕，周俭民，2020. 萤火素酶互补实验检测蛋白互作[J]. 植物学报，55（1）：69-75.

中国医药生物技术协会，2025. 生物安全二级实验室运行管理通用要求[J]. 中国医药生物技术，20（1）：40-55.

周先碗，胡晓倩，2003. 生物化学仪器分析与实验技术[M]. 北京：化学工业出版社.

朱金鑫，李小方，2004. 酵母双杂交技术及其在植物研究中的应用[J]. 植物生理学通讯，40（2）：235-240.

附　录

附录 1　实验室安全与操作规范

　　本科院校的生物化学实验室主要服务于本科生实验教学和教师的基础科研。实验室配备的常规仪器以及基础生化试剂可完成基础生化实验操作，如离心、分光光度分析、物质代谢研究等，以满足教学需求和学生实践能力的培养。

　　生物化学实验室使用者以低年级本科生为主，学生普遍缺乏实验操作经验和安全意识，缺乏风险预判能力，容易因操作不当引发安全隐患。据统计，七成以上的实验室安全事故当事人为本科新生，其中九成事故源于基础操作失误或安全知识匮乏。因此，将实验室安全教育作为实验教学的重要一课，不仅是教学程序的必要环节，更是守护师生生命安全、保障教学科研正常运转的重要举措。

一、实验课学习的一般要求

　　1. 实验课必须提前 5 min 到实验室，不迟到，不早退。自觉遵守课堂纪律，维护课堂秩序。

　　2. 实验室内禁止饮食，禁止携带食物、饮料等。

　　3. 使用化学试剂和各种物品注意节约，不要过量使用。试剂用完后应及时归还原处，试剂瓶塞不得混用。应特别注意保持化学试剂的纯净，严防混杂污染。

　　4. 实验台、试剂架应保持整洁，仪器药品摆放井然有序。实验完毕，须将试剂排列整齐，仪器洗净倒置放好，实验台面抹拭干净，方可离开实验室。

　　5. 使用和洗涤仪器时应小心谨慎，防止损坏仪器；若仪器损坏，应如实向教师报告，按相关规定赔偿。使用精密仪器时，应严格遵守操作规程，发现故障应立即报告教师，不要自己动手检修。

　　6. 实验室内严禁吸烟。使用酒精灯、煤气灯等明火时，应随用随关，必须严格做到火在人在，人走火灭。不能直接加热乙醇、丙酮、乙醚等易燃品，需要时要远离火源放置和操作。实验完毕，应立即关好燃气阀门和水龙头，拉下电闸。离开实验室前，应认真负责地进行检查，严防安全事故。

　　7. 实验残液须按类别(如重金属、有机溶剂、酸碱废液)倒入专用废液桶，禁止直接排入下水道。其他固体废弃物应倒入专用收集桶，不能倒入水槽或随意放置。

　　8. 未经实验室责任教师批准，实验室内一切物品严禁携出室外，借物必须办理登记手续。

　　9. 在实验过程中要听从教师指导，严肃认真地按操作规程进行实验，并简要、准确地记录实验结果。课后及时整理并撰写实验报告，由课代表收齐交给教师。

10. 每次实验课安排同学轮流值日，值日生负责实验室的卫生和水电安全等检查。

二、实验室着装要求

1. 必须穿着合身、长度及膝或过膝的棉质/聚酯纤维实验服，实验服材质须具备防静电功能，以减少危险操作中的风险。实验服纽扣须全部扣好，袖口应覆盖整个手臂，领口应包裹脖颈。实验服应为白色或浅色，以便于及时发现污染并更换。实验服须定期清洗，避免残留化学品污染其他区域。

2. 长发需束起并固定，避免沾染试剂或接触仪器。须穿包裹脚背的平底鞋，不可穿拖鞋、凉鞋、露脚背/脚跟的鞋、高跟鞋，禁止穿着短裤、短裙、背心、无袖衫等暴露皮肤的衣物。避免穿着化纤类衣物，防止产生静电火花引发事故。

3. 应做好个人防护。操作挥发性试剂、强腐蚀性物质时，须佩戴防护眼镜。根据实验内容选择耐酸碱/耐有机溶剂的防化手套，高温实验时须佩戴防高温手套，液氮/液氧操作时应佩戴防冻手套。涉及有毒气体或粉尘时，须佩戴防护面具或防毒口罩，并正确使用通风设备。

三、实验室用水安全

1. 熟悉供水系统，明确实验室各级自来水阀门位置，定期检查上下水管路畅通性，发现漏水或堵塞立即报告实验室责任教师。

2. 节约用水，用完及时关水阀，杜绝无人监管的长流水现象。一级用水（去离子水）用于精密仪器清洗，二级用水（蒸馏水）用于常规实验，三级用水（自来水）用于初步清洁。

3. 蒸馏水、去离子水须密封储存，避免长时间存放滋生细菌，建议 48 h 内使用完毕。纯水仪、制冰机等设备出水口须定期消毒，防止形成生物膜。

4. 使用橡胶管连接冷却装置时，避免使用易老化的乳胶管，接口处须用管箍加固。

5. 保持水槽和排水渠道畅通，禁止倾倒固体培养基、琼脂糖凝胶和腐蚀性液体。实验器皿清洗应与其他用途用水分离，避免交叉污染。一般性洗涤用水可直接排放，实验废液、废水应分类收集及处理。

6. 应急处置。具体处置措施如下：

（1）停水预案：提前储备应急用水，优先保障教学实验用水需求。停水后需排空设备内残余水分，防止微生物滋生。

（2）漏水/水浸：立即关闭总阀门，切断电源后转移受威胁设备，使用吸水材料清理积水。仪器进水后需断电静置 24 h 以上，经专业人员检测后方可重启。

（3）管道爆裂：优先保护精密仪器（用防水布覆盖），组织人员用沙袋阻隔水流蔓延。上报维修时须说明爆裂位置、泄漏量及影响范围。

四、实验室用电安全

违规用电行为可能存在多重安全隐患：轻则导致精密仪器设备短路故障，造成实验数据丢失或试剂污染；重则因线路过热、电火花或电弧引燃周边易燃易爆化学品，触发连锁火灾甚至爆炸事故；更可能因漏电、设备绝缘失效等直接威胁实验人员安全。此外，生化实验室因常存有易燃易爆、挥发性危险品等，其与电气系统的潜在交互风险尤为突出，须特别注意用电安全。

1. 防止触电。具体安全措施如下：

（1）不用潮湿的手接触电器。

（2）使用电器前确认其额定电压、频率与实验室电源匹配，避免设备损坏或漏电。

（3）所有电器金属外壳必须可靠接地，避免漏电时外壳带电造成电击。

（4）实验开始前确保装置搭建完毕后再接通电源，实验结束后先关闭电源再拆卸装置，避免带电操作引发意外。

（5）强电实验必须两人以上协作，相互监督操作流程，确保紧急情况及时处置。

（6）若有人触电，应立即切断电源（如关闭总闸），禁止直接用手拉扯伤员，避免施救者二次触电。伤员脱离电源后须立即采取心肺复苏等急救措施，并及时送医。

2. 防止火灾。具体安全措施如下：

（1）电炉、电热套等加热设备须专人看护，使用时应远离易燃化学品，禁止长时间无人值守。

（2）加热区域须清理杂物，配电箱周围不得堆放试剂、仪器或其他可燃物.

（3）实验室内禁止乱拉电线，避免线路过载。大功率设备须使用独立专用线路，多台大功率设备不可通过插线板串联供电，防止电流过载引发线路过热或火灾。

（4）长期不用的设备须彻底断电，避免内部元件故障引发自燃。

3. 防止短路。具体安全措施如下：

（1）线路中各接点应牢固，电路元件两端接头不应互相接触，以防短路。

（2）电线、电器不应被水淋湿或浸在导电液体中。

（3）插线板禁止悬挂放置或靠近水源，避免磨损、积灰或受潮导致短路

4. 实验室须配备足量灭火器材，应定期检查有效期并确保通道畅通。若电线起火，须先切断电源，使用二氧化碳灭火器、干粉灭火器或灭火毯扑救，严禁使用水或泡沫灭火器（液体导电可能扩大火势）。

五、实验室仪器操作安全

1. 实验人员应完成仪器操作专项培训、熟悉仪器性能后再操作。

2. 必须按说明书的操作规程使用仪器，无关人员不得随便拨动仪器的旋钮，避免误操作引发事故。

3. 精密仪器的拆卸、改装应经审批，未经审批不得任意拆卸。精密仪器的配件应妥加保管，不得挪作他用。

4. 设备应定期校正，保证在有效期内使用。使用者发现仪器故障或损坏等事故应立即报告实验室管理人员。

5. 生物化学实验室应特别关注生物活性物质的交叉污染防控，涉及生物安全的仪器（如生物安全柜）须建立使用日志，记录样本类型及污染处理情况，危险设备操作须双人复核。

六、实验室试剂安全

1. 防毒。具体安全措施如下：

（1）实验前，应系统学习所用试剂的急性毒性（LD_{50}）、慢性毒性（致癌性、致畸性）及安全阈值（TLV），了解化学品安全技术说明书（MSDS）中规定的三级防护标准。

（2）本科实验应杜绝使用剧毒试剂。如必须使用剧毒试剂，则须执行"双人双锁"管理制度，建立使用台账。

（3）操作有害气体应在通风橱内进行。

（4）苯、四氯化碳、甲醛、乙醚、硝基苯等试剂产生的蒸气会引起中毒，应在通风良好的情况下使用。

（5）有些试剂（如苯、有机溶剂、汞等）能透过皮肤进入人体，应避免与皮肤接触。

（6）禁止在实验室内饮食。饮食用具不许带进实验室，以防毒物污染。离开实验室前要洗净双手。

2. 防火。许多有机溶剂（如乙醚、丙酮、乙醇、苯等）非常易燃，大量使用时室内不能有明火、电火花或静电放电，用后应及时回收处理，不可倒入下水道，以免聚集引起火灾。实验室如果着火不要惊慌，应根据情况进行灭火，常用的灭火材料和工具有水、沙、二氧化碳灭火器、四氯化碳灭火器、泡沫灭火器和干粉灭火器等。可根据起火原因选择使用，以下几种情况不能用水灭火：

（1）钠、钾、镁、铝粉、电石、过氧化钠着火，应用干沙灭火。

（2）比水轻的易燃液体（如汽油、苯、丙酮等）着火，可用泡沫灭火器。

（3）有灼烧的金属或熔融物的地方着火，应用干沙或干粉灭火器。

（4）电器设备或带电系统着火，可用二氧化碳灭火器或四氯化碳灭火器。

3. 防灼伤。强酸、强碱、强氧化剂、溴、磷、钠、钾、苯酚、无水乙酸等都会腐蚀皮肤，特别要防止溅入眼内。液氧、液氮等低温物质也会严重灼伤皮肤，使用时应小心。如不慎灼伤应及时处置。

（1）腐蚀性物质应急处置分级：一级灼伤（强酸）立即先用大量流水冲洗 15 min，后用3%碳酸氢钠溶液湿敷；二级灼伤（强碱）持续冲洗 30 min 以上，使用 2%硼酸溶液中和；三级灼伤（苯酚）先用聚乙二醇 400 擦洗，再用 70%乙醇溶液冲洗。

（2）低温冻伤处置：液氮接触后切勿揉搓，应使用 41~46℃ 温水浸泡，解冻过程须持续 40~60 min。大面积冻伤须预防血红蛋白尿。

（3）眼部急救规程：配备双联式洗眼器，水压维持在 0.2~0.3 MPa，冲洗时翻开眼睑确保结膜穹窿部充分冲洗。溴灼伤后立即用 1%碳酸氢钠溶液冲洗，并滴注 0.5%丁卡因止痛。

附录 2　常见缓冲液的配制

一、常用酸碱溶液的浓度

化合物	相对分子质量/ （g/mol）	浓度/%	物质的量浓度/ （mol/L）	配制 1 000 mL 1 mol/L 溶液所需体积/mL
HCl	36.46	36.0	11.7	85.5
HNO$_3$	63.02	69.5	15.6	64.0

（续）

化合物	相对分子质量/ （g/mol）	浓度/%	物质的量浓度/ （mol/L）	配制 1 000 mL 1 mol/L 溶液所需体积/mL
H_2SO_4	98.08	96.0	17.95	55.7
H_3PO_4	98.00	85.0	14.70	68.0
$HClO_4$	100.46	70.0	11.65	86.2
CH_3COOH	60.05	99.5	17.40	57.5
NH_4OH	35.05	28.0	15.10	66.5

二、缓冲溶液配制

1. 甘氨酸—盐酸缓冲液（0.05 mol/L，pH 值 2.2~3.6）

贮备液 A（0.2 mol/L 甘氨酸溶液）：称取 15.01 g 甘氨酸，溶解并稀释至 1 000 mL。

贮备液 B（0.2 mol/L 盐酸）：量取 17.1 mL 浓盐酸，稀释至 1 000 mL。

附表 1　甘氨酸—盐酸缓冲液配方

50 mL A+x mL B，稀释至 200 mL			
pH 值	x/mL	pH 值	x/mL
2.2	44.0	3.0	11.4
2.4	32.4	3.2	8.2
2.6	24.2	3.4	6.4
2.8	16.8	3.6	5.0

2. 柠檬酸—柠檬酸钠缓冲液（0.1 mol/L，pH 值 3.0~6.2）

贮备液 A（0.1 mol/L 柠檬酸溶液）：称取 19.21 g 柠檬酸，溶解并稀释至 1 000 mL。

贮备液 B（0.1 mol/L 柠檬酸三钠溶液）：称取 29.41 g 二水柠檬酸三钠（$Na_3C_6H_5O_7 \cdot 2H_2O$），溶解并稀释至 1 000 mL。

附表 2　柠檬酸—柠檬酸钠缓冲液配方

x mL A+y mL B					
pH 值	x/mL	y/mL	pH 值	x/mL	y/mL
3.0	82.0	18.0	4.8	40.0	60.0
3.2	77.5	22.5	5.0	35.0	65.0
3.4	73.0	27.0	5.2	30.5	69.5
3.6	68.5	31.5	5.4	25.5	74.5
3.8	63.5	36.5	5.6	21.0	79.0
4.0	59.0	41.0	5.8	16.0	84.0
4.2	54.0	46.0	6.0	11.5	88.5
4.4	49.5	50.5	6.2	8.0	92.0
4.6	44.5	55.5			

3. 乙酸—乙酸钠缓冲液(0.2 mol/L, pH 值 3.6~5.8)

贮备液 A(0.2 mol/L 乙酸钠溶液)：称取 27.22 g 三水乙酸钠，溶解并稀释至 1 000 mL。

贮备液 B(0.2 mol/L 乙酸溶液)：量取 11.55 mL 冰醋酸，定容至 1 000 mL。

附表 3　乙酸—乙酸钠缓冲液配方

x mL A+y mL B					
pH 值(18℃)	x/mL	y/mL	pH 值(18℃)	x/mL	y/mL
3.6	0.75	9.25	4.8	5.90	4.10
3.8	1.20	8.80	5.0	7.00	3.00
4.0	1.80	8.20	5.2	7.90	2.10
4.2	2.65	7.35	5.4	8.60	1.40
4.4	3.70	6.30	5.6	9.10	0.90
4.6	4.90	5.10	5.8	9.40	0.60

4. 磷酸氢二钠—磷酸二氢钠缓冲液(0.2 mol/L, pH 值 5.8~8.0)

贮备液 A(0.2 mol/L 磷酸氢二钠溶液)：称取 35.60 g 二水磷酸氢二钠，溶解并稀释至 1 000 mL；或称取 71.63 g 十二水磷酸氢二钠，溶解并稀释至 1 000 mL。

贮备液 B(0.2 mol/L 磷酸二氢钠溶液)：称取 27.60 g 一水磷酸二氢钠，溶解并稀释至 1 000 mL；或称取 31.20 g 二水磷酸二氢钠溶解并稀释至 1 000 mL。

附表 4　磷酸氢二钠—磷酸二氢钠缓冲液配方

x mL A+y mL B					
pH 值(25℃)	x/mL	y/mL	pH 值(25℃)	x/mL	y/mL
5.8	8.0	92.0	7.0	61.0	39.0
5.9	10.0	90.0	7.1	67.0	33.0
6.0	12.3	87.7	7.2	72.0	28.0
6.1	15.0	85.0	7.3	77.0	23.0
6.2	18.5	81.5	7.4	81.0	19.0
6.3	22.5	77.5	7.5	84.0	16.0
6.5	31.5	68.5	7.7	89.5	10.5
6.6	37.5	62.5	7.8	91.5	8.5
6.7	43.5	56.5	7.9	93.0	7.0
6.8	49.0	51.0	8.0	94.7	5.3
6.9	55.0	45.0			

5. 磷酸氢二钠—磷酸二氢钾缓冲液(1/15 mol/L, pH 值 4.92~9.18)

贮备液 A(1/15 mol/L 磷酸氢二钠溶液)：称取 11.87 g 二水磷酸氢二钠，溶解并稀释至 1 000 mL。

贮备液 B(1/15 mol/L 磷酸二氢钾溶液)：称取 11.47 g 二水磷酸二氢钾，溶解并稀释至 1 000 mL。

附表 5　磷酸氢二钠—磷酸二氢钾缓冲液配方

x mL A+y mL B					
pH 值(25℃)	x/mL	y/mL	pH 值(25℃)	x/mL	y/mL
4.92	0.10	9.90	7.17	7.00	3.00
5.29	0.50	9.50	7.38	8.00	2.00
5.91	1.00	9.00	7.73	9.00	1.00
6.24	2.00	8.00	8.04	9.50	0.50
6.47	3.00	7.00	8.34	9.75	0.25
6.64	4.00	6.00	8.67	9.90	0.10
6.81	5.00	5.00	9.18	10.00	0
6.98	6.00	4.00			

6. 甘氨酸—氢氧化钠缓冲液(0.05 mol/L，pH 值 8.6~10.6)

贮备液 A(0.2 mol/L 甘氨酸溶液)：称取 15.01 g 甘氨酸，溶解并稀释至 1 000 mL。
贮备液 B(0.2 mol/L 氢氧化钠溶液)：称取 8.00 g 氢氧化钠，溶解并稀释至 1 000 mL。

附表 6　甘氨酸—氢氧化钠缓冲液配方

x mL A+y mL B，加蒸馏水稀释至 200 mL					
pH 值	x/mL	y/mL	pH 值	x/mL	y/mL
8.6	50	4.0	9.6	50	22.4
8.8	50	6.0	9.8	50	27.2
9.0	50	8.8	10.0	50	32.0
9.2	50	12.0	10.4	50	38.6
9.4	50	16.8	10.6	50	45.5

7. 硼酸—硼砂缓冲液(0.2 mol/L 硼酸根，pH 值 7.4~9.0)

贮备液 A(0.05 mol/L 硼砂溶液)：称取 19.07 g 硼砂，溶解并稀释至 1 000 mL。
贮备液 B(0.2 mol/L 硼酸溶液)：称取 12.37 g 硼酸，溶解并稀释至 1 000 mL。

附表 7　硼酸—硼砂缓冲液配方

x mL A+y mL B					
pH 值	x/mL	y/mL	pH 值	x/mL	y/mL
7.4	1.0	9.0	8.2	3.5	6.5
7.6	1.5	8.5	8.4	4.5	5.5
7.8	2.0	8.0	8.7	6.0	4.0
8.0	3.0	7.0	9.0	8.0	2.0

8. 磷酸二氢钾—氢氧化钠缓冲液(0.05 mol/L，pH 值 5.8~8.0)

贮备液 A(0.2 mol/L 磷酸二氢钾溶液)：称取 34.42 g 二水磷酸二氢钾，溶解并稀释至 1 000 mL。

贮备液 B(0.2 mol/L 氢氧化钠溶液)：称取 8.00 g 氢氧化钠，溶解并稀释至 1 000 mL。

附表 8 磷酸二氢钾—氢氧化钠缓冲液配方

x mL A+y mL B，加蒸馏水稀释至 20 mL					
pH 值(20℃)	x/mL	y/mL	pH 值(20℃)	x/mL	y/mL
5.8	5	0.372	7.0	5	2.963
6.0	5	0.570	7.2	5	3.500
6.2	5	0.860	7.4	5	3.950
6.4	5	1.260	7.6	5	4.280
6.6	5	1.780	7.8	5	4.520
6.8	5	2.365	8.0	5	4.680

9. 巴比妥钠—盐酸缓冲液(pH 值 6.8~9.6)

贮备液 A(0.04 mol/L 巴比妥钠溶液)：称取 8.25 g 巴比妥钠，溶解并稀释至 1 000 mL。

储备液 B(0.2 mol/L 盐酸溶液)：量取 17.10 mL 浓盐酸，稀释至 1 000 mL。

附表 9 巴比妥钠—盐酸缓冲液

x mL A+y mL B					
pH 值(18℃)	x/mL	y(mL)	pH 值(18℃)	x/mL	y(mL)
6.8	100	18.40	8.4	100	5.21
7.0	100	17.80	8.6	100	3.82
7.2	100	16.70	8.8	100	2.52
7.4	100	15.30	9.0	100	1.65
7.6	100	11.47	9.2	100	1.13
7.8	100	9.39	9.4	100	0.70
8.0	100	7.21	9.6	100	0.35
8.2	100	6.15			

10. Tris 盐酸缓冲液(0.05 mol/L)

贮备液 A(0.2 mol/L 三羟甲基氨基甲烷溶液)：称取 24.23 g 三羟甲基氨基甲烷 [$(HOCH_2)_3CNH_2$]，溶解并稀释至 1 000 mL。

贮备液 B(0.1 mol/L 盐酸溶液)：量取 8.55 mL 浓盐酸，稀释至 1 000 mL。

附表 10　Tris 盐酸缓冲液配方　　　　　　　　　　　mL

x mL A+y mL B，加蒸馏水稀释至 100 mL							
pH 值		x	y	pH 值		x	y
23℃	37℃			23℃	37℃		
9.10	8.95	25	5	8.05	7.90	25	27.5
8.92	8.78	25	7.5	7.96	7.82	25	30.0
8.74	7.60	25	10.0	7.87	7.73	25	32.5
8.62	8.48	25	12.5	7.77	7.63	25	35.0
8.50	8.37	25	15.0	7.66	7.52	25	37.5
8.40	8.27	25	17.5	7.54	7.40	25	40.0
8.32	8.18	25	20.0	7.36	7.22	25	42.5
8.23	8.10	25	22.5	7.20	7.05	25	45.0
8.12	8.00	25	25.0				

附录 3　硫酸铵饱和度的常用表及计算公式

附表 11　调整硫酸铵溶液饱和度计算表

		硫酸铵溶液终浓度(饱和度)(25℃)/%																
		10	20	25	30	33	35	40	45	50	55	60	65	70	75	80	90	100
		每升溶液加固体硫酸铵的质量/g*																
硫酸铵溶液初浓度(饱和度)/%	0	56	114	144	176	196	209	243	277	313	351	390	430	472	516	561	662	767
	10		57	86	118	137	150	183	216	251	288	326	365	406	449	494	592	694
	20			29	59	78	91	123	155	189	225	262	300	340	382	424	520	619
	25				30	49	61	93	125	158	193	230	267	307	348	390	485	583
	30					19	30	62	94	127	162	198	235	273	314	356	4490	546
	33						12	43	74	107	142	177	214	252	292	333	426	522
	35							31	63	94	129	164	200	238	278	3192	411	506
	40								31	63	97	132	168	205	245	285	375	469
	45									32	65	99	134	171	210	250	339	431
	50										33	66	101	137	176	214	302	392
	55											33	67	103	141	179	264	353
	60												34	69	105	143	227	314
	65													34	70	107	190	275
	70														35	72	153	237
	75															36	115	198
	80																77	157
	90																	79

注：* 在 25℃条件下，硫酸铵溶液由初浓度调到终浓度时每升溶液所加固体硫酸铵的质量(g)。

0℃时不同饱和度硫酸铵用量计算公式：

$$m = \frac{G \cdot (S_2 - S_1)}{1 - A \cdot S_2}$$

式中，m 为随浓度增加需要加入的硫酸铵质量（g）；S 为硫酸铵饱和度；G 和 A 为随温度变化的常数（0℃时，$G = 506$，$A = 0.27$）。

附录4　实验报告撰写规范与示例

规范的实验报告不仅是课程考核依据，更是培养严谨治学态度的重要途径。通过养成严谨的记录习惯，学生将逐步掌握科研工作的标准化方法，为科研工作奠定坚实基础。

一、规范撰写实验报告的意义

规范撰写实验报告具有重要的科学和教育意义。规范的实验报告能够完整记录实验过程和数据，确保实验的可重复性和可验证性，这是生物化学研究的基本要求。通过详细记录实验原理、试剂配制、仪器参数、操作步骤和原始数据，不仅便于学生回顾实验过程，也为他人重复实验提供了可靠依据。同时，规范的报告撰写过程能够培养学生严谨的科学态度和逻辑思维能力，帮助他们建立"假设-实验-验证"的科研思维模式，这对未来从事科研工作至关重要。

规范的实验报告撰写是培养基本科研素养的重要途径。在报告撰写过程中，学生需要系统整理实验数据，运用专业术语准确描述实验现象，并基于生化理论对结果进行分析讨论。这一过程不仅加深了学生对生物化学原理的理解，也锻炼了他们数据分析和科学表达的能力。此外，规范的实验报告要求明确标注参考文献、注明数据来源，这有助于培养学生的学术诚信意识。对于教师而言，规范化的实验报告便于统一评价标准，客观评估学生的实验技能和理论掌握程度，为改进实验教学提供反馈依据。

二、生物化学实验报告的撰写规范

实验报告的封面或标题要包含详细的实验信息：课程名称、实验名称、学生姓名/学号、专业班级、实验日期等。正文内容主要包括：

（1）实验目的：明确实验的目标和预期成果，阐述通过实验希望掌握的知识或技能。

（2）实验原理：详细描述实验所依据的科学原理，包括相关的化学、生物学或物理原理。

（3）仪器与试剂：列出实验中使用的仪器设备和试剂材料，注明规格、浓度及试剂配制方式等关键信息。

（4）实验步骤：按时间顺序记录实验操作过程，包括样品准备、仪器设置、反应条件等。

（5）结果与分析：呈现实验获得的数据和观察结果，并进行数据分析或对观察结果进行解释，可运用图表辅助展示。

（6）讨论：对实验结果进行深入探讨，与理论预期对比，分析实验误差和提出改进措施。

（7）其他：如思考题、注意事项等也可写入实验报告。

三、实验报告示例

实验1　双缩脲法测定可溶性蛋白质的含量

一、实验目的

1. 掌握双缩脲法定量测定蛋白质的基本原理。

2. 掌握分光光度计的使用及注意事项。

3. 学习标准曲线的制作及样品蛋白质含量的计算方法。

二、实验原理

双缩脲试剂在碱性条件下与蛋白质中的肽键反应，生成紫红色络合物，其颜色深浅与蛋白质含量在一定范围内成正比。通过测定 540 nm 处的吸光度，可定量测定样品中蛋白质含量。

三、实验准备

1. 实验器材

721 型分光光度计，恒温水浴锅，移液器及枪头，试管及试管架等。

2. 材料与试剂

标准蛋白溶液（牛血清白蛋白，1.0 mg/mL），待测样品（大豆蛋白稀释液），双缩脲试剂，

四、操作步骤

1. 标准曲线制作（2 组平行）

取 6 支试管，分别加入 0、0.2 mL、0.4 mL、0.6 mL、0.8 mL、1.0 mL 标准蛋白溶液；用蒸馏水补足至 1.0 mL；各管加入 4.0 mL 双缩脲试剂，混匀；37℃水浴 15 min。

2. 样品测定

取适当稀释的样品溶液 1.0 mL，加入 4.0 mL 双缩脲试剂，混匀；37℃水浴 15 min。

3. 吸光度测定

以空白管调零，在波长 540 nm 处测量各管吸光度，如实记录。

4. 结果计算

（1）标准曲线数据

试管编号	蛋白质量/mg	吸光度(A_{540})	试管编号	蛋白质量/mg	吸光度(A_{540})
1	0	0.000	4	0.6	0.372
2	0.2	0.125	5	0.8	0.495
3	0.4	0.248	6	1.0	0.618

（2）标准曲线图

$$y = 0.618x + 0.002 \quad (R^2 = 0.999)$$

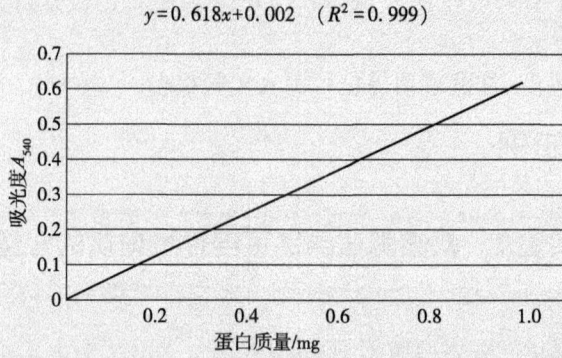

（3）样品测定结果

样品吸光度 = 0.286，则由标准曲线查得的蛋白质量计算得到蛋白含量：0.46 mg/mL。

五、讨论

1. 标准曲线线性良好（$R^2 > 0.99$），说明实验操作规范。

2. 样品测定值落在标准曲线范围内，结果可靠。

3. 可能的误差来源：移液操作不准确；水浴温度不稳定；反应时间控制不当。